调料

使用大全

朱太治 双 福 主编

农村读物出版社

图书在版编目（CIP）数据

调料使用大全 / 朱太治，双福主编. — 北京：农
村读物出版社，2010.7（2025.2重印）
    ISBN 978-7-5048-5358-5

    Ⅰ.①调… Ⅱ.①朱…②双… Ⅲ.①调味品 – 基本
知识 Ⅳ.①TS264

中国版本图书馆CIP数据核字(2010)第118875号

主　　编　朱太治　双　福
编　　著　侯熙良　杨晓玉　建　茹　常方喜　彭　利　石晓亮　孙　鹏
　　　　　王雪蕾　孙　燕　陈　辰　刘继灵　贾全勇　梅妍娜　徐正全
　　　　　李青青　李华华　石婷婷　杨　亮　初　晨　郑希凤　单　晓
监　　制　周学武
策　　划
摄　　影　双福 SF 文化工作室
　　　　　www.shuangfu.cn
装帧设计

责任编辑　王庆宁　吕　睿
出　　版　农村读物出版社（北京市朝阳区麦子店街18号　100125）
发　　行　新华书店北京发行所
印　　刷　北京印刷集团有限责任公司
开　　本　889mm x 1194mm　1/32
印　　张　8
字　　数　240千
版　　次　2025年2月北京第13次印刷
定　　价　24.00元

凡本版图书出现印刷、装订错误，请向出版社发行部调换。

目录 CONTENTS

第一章

调料基础

◎调味知多少——调味品的种类和营养
◎酸甜苦辣鲜香——话说调料的基本味
◎家常必备调料面面观

调味知多少——调味品的种类和营养

调味，简单地说就是调和滋味，具体地说，就是在菜肴制作的同时或其前后，投入适量的调味品，与原料发生种种化学变化，以除去恶味、增进美味、确定口味、丰富色彩的一种技法。所以，在菜点烹制过程中，凡能起到突出菜品口味、改善菜品外观、增进菜品色泽的非主、辅食材，统称调味品。

>>调味品的种类

调味品的种类繁多，有狭义和广义之分。狭义调味品专指具有芳香气和辛辣味的食品，如葱、姜、蒜、花椒、桂皮、茴香、胡椒等；广义的调味品则包括甜、咸、酸、苦、鲜等味的食品，如糖、盐、酒、醋、酱油、味精、油等。

>>调味的缘由

调味品的每一个品种，都含有区别于其他原料的特殊成分，这是调味品的共同特点，也是调味品原料具有调味作用的主要原因。

>>调味品的功效

调味品的特殊成分，能在烹调中除去主料的腥臊异味，突出原料的口味，还能改变菜品的外观形态，增加菜品的色泽光彩，促进食欲。如葱、姜、酒、醋、糖、味精、盐及一些香料，都能有效地起到除异味、增滋味、提香味的作用。

调味品还含有人体必需的营养物质。如酱油、盐等含有人体需要的氯化钠等矿物质，醋、味精等含有不同种类的多种蛋白质、氨基酸及糖类，油脂更是人体所需脂肪的重要来源。某些调味品还有增强人体生理机能的功效。

酸甜苦辣鲜香——话说调料的基本味

味即滋味，是指某种物质刺激味蕾所引起的感觉。味可以分为基本味和复合味两大类。基本味是一种单一的滋味，复合味就是两种或两种以上的基本味混合而成的滋味。

>>咸味

咸味是调料中的主味。大部分菜肴先需要一些咸味，然后再调和其他的味。例如糖醋类的菜是酸甜的口味，但也要加一些咸味，否则，完全用糖和醋来调味，口味不好。做甜点时，往往也需要加入一点咸味，这样既解腻又好吃。呈咸味的调味品主要有盐、酱油等。

>>甜味

甜味在调料中的作用仅次于咸味，它也是菜肴中的一种主要滋味，尤其在我国南方地区。甜味可增加菜肴的鲜味，并有特殊的调和作用，如缓和辣味的刺激感，增加咸味的鲜醇等。呈甜味的调味品有各种糖类（如白糖、冰糖等）、蜂蜜等。

>>酸味

酸味在调味中也很重要，是很多菜肴必不可少的味道。由于酸具有较强的去腻解腥作用，所以在烹制畜禽的内脏和各种水产品时常用，呈酸味的调味品主要有红醋、白醋、黑醋、酸梅等。

>>辣味

辣味具有强烈的刺激性和独特的芳香，除了可以除腥解腻外，还具有增进食欲、帮助消化的作用。呈辣味的调味品有辣椒、葱、姜、蒜、胡椒粉、芥末等。

>>苦味

苦味是一种特殊的味道，除具有消除异味的作用外，在菜肴中略微调和一些带有苦味的调味品，可以形成清香爽口的特殊风味。苦味主要来自各种药材，如杏仁、柚皮、陈皮等。

>>鲜味

鲜味可使菜肴鲜美可口，其来源主要是原料本身所含的氨基酸等物质。呈鲜味的调味品主要是味精、虾、蟹、清汤等。

>>香味

应用在调味中的香味是复杂多样的，可使菜肴具有芳香气味，刺激食欲，还可以去腥解腻。形成香味的调味品有酒、葱、蒜、香菜、桂皮、大茴香、花椒、五香粉、香油、酒糟、玫瑰、椰汁等。

家常必备调料面面观

>>盐

盐是人们日常生活中不可缺少的调料之一。每人每天需要摄入适量的盐，才能维持正常的渗透压及体内酸碱的平衡。同时，盐又是烹制菜肴最基本的调味品，不仅能增加菜肴的滋味，还能促进消化液的分泌、增进食欲。盐除了食用之外，还可以做防腐剂，可以利用盐很强的渗透力和杀菌作用来保存食

勿，如腌菜、腌鱼、腌肉等。

盐的优劣鉴别:

结晶状况：总地说来，凡晶粒较大、整齐而规则者，质量较优。

颜色：优质的盐应为白色，质量次的盐，则因含有不同种类的杂质而呈红色、黄色或黑色。

咸味：纯净的盐应该具有正常的咸味，而含有钙、镁等水溶性杂质时，咸味稍带苦涩，含泥沙杂质时有牙碜的感觉。

盐适宜存放于带盖、密闭性较好的容器中，以减少与空气的接触，避免受潮。

>>酱油

在烹制菜肴时，酱油是应用很广的调味品，仅次于盐。

酱油的成分比较复杂，除含盐外，还含有多种氨基酸、糖类、有机酸、色素及香料成分，口感以咸味为主，亦有鲜味、香味等。酱油能增加和改善菜肴的口味，还能增添或改变菜肴色泽。酱油的品种有红酱油、白酱油、老抽、鱼露等。

保存液体酱油时，应注意防止生水进入，并注意保持盛装的容器干净。固体酱油应放置于干燥处，防止受潮变味。

>>酱品

酱品是很好的调味品，在烹调中使用范围广，许多菜肴均有使用，尤其是川菜。酱品的种类很多，口味各不相同，有的以咸为主，有的以甜为主，有的以酸、辣、香为主。酱品在保存时，应注意存放于凉爽通风处，避免着水和灰尘。

烹调常用的酱品有:

◎**干黄酱**

干黄酱的主要原料是黄豆、面粉、盐等，经发酵制成，有甜香味，颜色棕褐。干黄酱以不发苦、不带酸味者为佳。

◎稀黄酱

稀黄酱的主要原料是黄豆、面粉、盐，经发酵制成，呈棕色，质地细腻，味甜。

◎甜面酱

甜面酱颜色红黄，有光亮，味香甜，由面粉和盐经发酵制成。

◎辣椒酱

辣椒酱有油制和水制两种：油制是用香油和辣椒制成，颜色鲜红；水制是用水和辣椒制成。

◎豆瓣酱

豆瓣酱主要原料是大豆，产于四川、北京等地，常用于烧菜、炒菜。

◎蚕豆酱

蚕豆酱的原料是蚕豆、盐等，味鲜稍辣，可以做汤、炒菜，也可以蘸食。

◎芝麻酱

芝麻酱是把芝麻炒熟后磨制而成的，味香，颜色深褐，可以拌面、拌菜。

◎花生酱

花生酱是用花生仁炒熟后制成的，也可拌面、拌菜，味香浓。

◎番茄酱

番茄酱是由成熟番茄去皮、籽磨制而成，可分为两种：一种颜色鲜红，有酸味；另一种是由番茄酱进一步

加工制成的番茄沙司，为甜酸味，颜色暗红。番茄酱可用于炒菜调味，番茄沙司可以用于蘸食。

>>糖

糖是重要的调味品，是用甘蔗、甜菜制成的，能增加菜肴的甜味及鲜味，是制作菜肴尤其是制作甜味菜的主要调味原料。在我国，糖主要产于广东、福建、台湾等省和东北地区。

糖对外界温度变化敏感，容易吸湿溶化，或发生干缩结块的现象。因此，存放食糖应选择干燥、通风较好的地方，注意不要和水分较大的或有异味的原料一起存放。

常用的糖包括：

◎白糖

白糖是食糖中质量最好的一种，颜色洁白，甜味醇正，烹调中常用。

◎绵糖

绵糖又称绵白糖，为粉末状，适于烹调使用，甜度与白糖不相上下。

◎赤白糖

色泽赤红，晶粒较大，在烹调中应用较广。

◎红糖

红糖又称土红糖，颜色有赤红、红褐、青褐、黄褐等不同的类型，色浅者质量较好，烹调中不常用。

◎冰糖

冰糖是白糖的再制品，糖味醇正，质量较高，烹调中常用。

◎方糖

方糖是优质的白糖的再制品，常用于饮料等。

>>味精/鸡精

味精是烹调中常用到的鲜味调味品，同时，也是一种很好的营养品。味精是由蛋白质分解出来的氨基酸，它能为人体直接吸收，这对改变人体细胞的营养状况、防止发育不良、治疗神经衰弱等有一定的作用。

烹调中切忌在高温时加味精，一般应在菜肴成熟出锅时加入为宜。温度过高，味精会变成焦谷氨酸钠，不但没有鲜味，还会产生轻微的毒素。拌凉菜时不宜直接加味精，因为温度低，味精很难溶解，可用热水化开，晾凉后浇入凉菜中。

鸡精是味精的一种，其主要成分是由谷氨酸钠发展而来，因鸡精中含有增鲜剂——鲜味核苷酸，具有更好的增鲜作用。

味精、鸡精都具有吸潮的特点，吸潮后会结块。这对食用没有影响，但使用起来不太方便。因此应存放在塑料袋内或玻璃瓶内，使用后随即加盖、封口，并放在阴凉干燥处。

>>醋

醋是烹调中的主要调味品之一，以酸味为主，且有芳香味，能去腥解腻，增加鲜味和香味。醋还能在食物加热过程中减少维生素C的损失，使烹饪原料中钙质溶解而利于人体吸收。常见的醋主要有米醋、熏醋、白醋等，著名的品种有江苏镇江的香醋和山西的老陈醋。

醋保存时应注意防止进生水，并置于阴凉干燥处保存。

◎米醋

米醋的主要原料为高粱、黄米、麸皮、米糠、盐，经醋曲发酵后制成，呈浅棕色，香味浓郁，适合于蘸食和炒菜。

◎薰醋

薰醋原料除无黄米外，基本与米醋原料相同。发酵后略加花椒、桂皮等熏制而成，颜色较深，适合于蘸食和炒菜。

◎白醋

白醋又称醋精，为冰醋酸加水稀释而成。醋酸的含量高于醋，酸味大，无香味。浓醋酸有一定的腐蚀作用，使用时应根据需要稀释和控制用量。

>>料酒

烹饪用酒统称"料酒"，包括绍兴加饭酒、黄酒、白酒等，是重要的烹饪调味料。料酒的作用主要是去除鱼、肉类的腥膻味，增加菜肴的香气，有利于咸甜各味充分渗入菜肴中。

料酒富含人体需要的8种氨基酸，它们在被加热时，可以产生多种果香、花香和烤面包的味道；其中，赖氨酸、色氨酸可以产生大脑神经传递物质，改善睡眠，有助于人体脂肪酸的合成，对儿童的身体发育也有好处。

料酒还能够去腥解腻。我们经常吃的鱼、虾、肉都有腥膻味，造成腥膻味的是一种胺类物质，而胺类物质能溶解于料酒中的酒精中，可以在加热时随酒精一同挥发。

料酒在正常情况下色淡黄，清澈并有透明感。在密封的情况下可保存较长时间。料酒应存放于阴凉通风处，用后应随时盖好。

>>香糟

做酒剩下的酒糟经过加工即成为香糟。香糟香味浓厚，含有

10%左右的酒精，有与料酒相同的调味作用。以香糟为调料烹制的菜肴有独特的风味，闽菜中的许多菜肴以此闻名。杭州、苏州等地的菜肴也常使用。

香糟分为白糟和红糟两类。白糟是用黄酒的酒糟加工而成的，红糟是福建的特产，在酿酒时加入了5%的天然红曲米制成。香糟能增加菜肴的色彩，在烹调中应用很广，烧菜、熘菜、爆菜、炝菜等均可使用。

>>香料

含香味的植物的花、果、籽、皮或其制品统称香料。香料品种繁多，各有其独特香味，在烹调中应用广泛。香料能除去某些原料的腥气，增添香味，增加色彩，刺激食欲。

香料大多是脱水后的干货，储存时需密封，置于干燥处，防止受潮、曝晒。

烹调常用的香料有：

◎花椒

花椒是花椒树的果实，分大椒和小椒两种，可以调味，也可以榨油。四川花椒质量最好，河北、山西花椒产量高。

生花椒味麻且辣，炒熟后香味溢出。烹调时既能单独使用，也能与其他原料配制成调味品。

花椒以籽小、壳浅紫色的为好，受潮后会生白膜、变味。要存放在干燥的地方，注意防潮。

◎大茴香

大茴香又名八角、大料，是我国的特产，盛产于广东、广西等地，颜色紫褐，呈八角，形状似星，有甜味和强烈的芳香气味。

大茴香是制作凉菜及炖、焖菜肴中不可缺少的调味品，也是加工五香粉的主要原料。

◎小茴香

小茴香是草本植物茴香菜的籽，呈灰色，形如稻粒，有浓郁的香味，常与大茴香一起使用。小茴香也是五香粉原料之一，在药用上有健脾开胃、理气、祛风散寒等疗效。

◎桂皮

桂皮主要产于广东、广西、浙江等地，是桂树的皮，气味芳香，作用与茴香相似，常用于烹调腥臊味较重的食材，也是五香粉

的主要原料。桂皮分为桶桂、厚肉桂、薄肉桂三种：桶桂为嫩桂树的皮，质量最好，可切碎做炒菜调味品；厚肉桂外皮粗糙，炖肉用最佳；薄肉桂外皮微细，纹细、味薄，使用方法与厚肉桂相同。

◎桂花

桂花产于江苏、浙江，分为糖桂花、咸桂花两种，分别用糖、盐腌渍而成，香气芬芳，常用于制作甜菜。

◎玫瑰

玫瑰产于江苏苏州等地，用玫瑰花加糖制成，味甜，作用和桂花相同，也可以制酒、制酱等。

除上述外，还有陈皮、杏仁、草果、丁香、砂仁、山奈、白芷等香料，都具有一定的除异味、增香味的作用。

>>辣味品

辣味品具有很强的刺激性，并带有辛香味。食用辣味品可以促进肠胃的消化，增进食欲。用辣味品烹制的菜肴别具一格，我国广

受欢迎的川菜、湘菜即以使用辣味品而闻名。

烹调常用的辣味品有:

◎ **辣椒粉**

辣椒粉是红色或红黄色、油润而均匀的粉末,是由红辣椒、黄辣椒、辣椒籽及部分辣椒杆碾细而成的混合物,具有辣椒固有的辣香味,有开胃消食、解热镇痛、降脂减肥的功效,拌菜、炒菜、烧菜均可。

◎ **胡椒粉**

胡椒粉是用干胡椒碾压而成,有白胡椒粉和黑胡椒粉两种。胡椒味辛辣、芳香,性热,除可去腥增香外,还有除寒气、消积食的效用。

◎ **辣椒油**

辣椒油是用成熟变红的干辣椒加油合制而成,颜色鲜红,味香辣,拌菜、炒菜、烧菜均可。

◎ **芥末**

芥末粉由芥籽碾磨而成,多用于凉拌菜,吃时须把芥末粉加水调成芥末糊。芥末的辣味由芥末油产生,芥末味辛、性温,有通利五脏、温中开胃、发汗散寒、化痰利气、促进食欲的作用。

◎ **咖喱粉**

咖喱粉是以姜黄粉为主,颜色姜黄,味辣而香。咖喱粉的使用较广,是西餐中重要的调味品。用咖喱粉调味的菜肴在色、香、味方面都富有特色。咖喱粉加油熬制即成咖喱油。

>>食用油脂

食用油脂是食用的植物性油类和动物性脂类的总称。食用油脂在烹调中运用广泛，是烹制菜肴不可缺少的原料。油脂不仅能增加菜肴的色泽、滋味，促进食欲，而且由于使用油脂的沸点很高，加热后容易得到高温，所以能加快烹调的速度，缩短食物的成熟时间，使原料保持鲜嫩，如炒菜、爆菜；适当掌握加热时间和油的温度，还能使菜肴酥松发脆，如炸制菜；此外，食用油脂还是生产糕点必不可少的调料。

食用油在保管的过程中，要尽可能避免日光的直接照射，注意清洁卫生，避免与空气长期接触。

烹调常用的食用油脂有：
◎花生油

花生油是从花生仁中提取的油，颜色浅黄，气味、滋味香浓。花生油在夏季是透明的液体，到冬季则为黄色半固体状态，属半干性油脂。我国主要产区在华东、华北等地。

◎香油

香油又叫麻油，是从芝麻中提炼出来的，香气浓郁。常用的为小磨香油，具有浓厚的特殊香味，呈红褐色。香油的耐贮性较其他油强。

◎色拉油

色拉油是将油经过脱酸、脱杂、脱磷、脱色和脱臭等五道工艺之后制成的，色泽澄清透亮，气味新鲜清淡，加热时不变色，无泡沫，很少有油烟，并且不含黄曲霉素和胆固醇。优质色拉油应包装严密，无渗漏现象，外观澄清透明，无明显沉淀或其他可见杂质。色拉油使用后应及时盖好，置于阴凉处贮藏。色拉油的保质期在6个月左右。

◎调和油

调和油又称高合油，是将两种以上经精炼的油脂（香味油除外）按比例调配，再经过处理制成的色拉油。调和油澄清、透明，可作为熘、炒、煎、炸或凉拌用油。

◎玉米油

玉米油是从玉米中提炼的油，色泽淡黄透明，对人体有较高的营养价值，含有人体所需的油酸、亚油酸及谷维素，对降低人体血清胆固醇浓度有较好的效果，具有防止动脉硬化的功效。玉米油熔点较低，易为人体消化吸收，在烹调中，尤其适宜旺火急炒，能保持菜肴的色彩和香味。

◎菜籽油

菜籽油又叫菜油，是用油菜籽榨出的油。普通菜籽油呈深黄色，含有油菜籽的特有气味，有涩味。

◎豆油

豆油是从大豆中压榨出来的油，营养价值较高。

>>淀粉

淀粉是烹调中进行挂糊、上浆、勾芡的主要原料，使用广泛。它可以改善菜肴的品相，保持菜肴的鲜嫩，提高菜肴的滋味。

常见的淀粉可以分为干淀粉、淀粉两种。淀粉是加工后未脱水晾干而直接供应的。在烹调中，干淀粉加水调成的粉汁，习惯上也称为淀粉。

淀粉的保存应注意防潮。干淀粉吸收空气中的水分受潮后容易变质，所以应存放于阴凉干燥处。

第二章

经典的滋味

- ◎香辣味
- ◎麻辣味
- ◎酸辣味
- ◎甜咸味
- ◎鲜咸味

- ◎酸甜味
- ◎酱香味
- ◎鱼香味
- ◎甜辣味
- ◎药理味

香 辣 味

【概述】

香辣味是中餐、西餐调味中均经常使用的一种味型，主要是由咸、辣、酸、甜味调和而成，主要用于以家禽、家畜、水产、豆制品及块茎类鲜蔬等为原料的菜肴中。

香辣味型在我国是以四川及湖南等地为核心，广泛用于南方地区，在冷、热菜式中均有使用，其口味特点主要体现为香浓微辣，鲜咸纯厚，不同的菜肴风味各异，或略带回甜，或略带回酸，或香辣浓郁，鲜咸纯厚。

>>香辣味的来源

香辣味主要来源于各种辣椒类调味品，如：四川郫县豆瓣酱、元红豆瓣、泡红辣椒、香港李锦记豆瓣辣酱、香港李锦记蒜末辣酱、桂林辣椒酱、干红辣椒末、红辣椒粉、干辣椒、煳辣油、红油辣椒、红辣椒油、青红尖辣椒、野山椒，以及市场上出售的香辣味复合型调味品。

此味型在使用当中，除以上某种"香辣"味调味品和鲜咸味调味品外，由于不同菜肴的风味所需，在中式调味中，还常选用葱、姜、蒜、胡椒、料酒、白糖、醋、色拉油、熟猪油、香油、酱油及复制红酱油等辅味调料；在西式调味中，常选用葱头等辅味调料。

>>调好热菜的香辣味

香辣味在热菜的使用上，常用辣椒酱、葱、姜、料酒、酱油、味精调制而成。由于不同菜肴的风味所需，还常选用元红豆瓣、泡红辣椒、辣椒油、白糖、醋等，使得该味型"香浓微辣，鲜咸味厚"程度有所不同，有的略有回甜，有的略有回酸。

该味型在热菜的调味中，需要特别注意，郫县豆瓣酱、元红豆瓣、泡红辣椒等在使用前应按照需求进行制作，如切末、搅细等；另外，在用量上一定要恰到好处，因为少则辣度不够，多则咸。

>>调好凉菜的香辣味

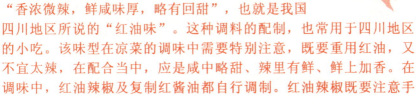

香辣味在凉菜的使用上，是以红油辣椒、复制红酱油、味精、香油为主；由于不同菜肴的所需，还常选用蒜泥、醋等。该味型在凉菜中主要体现为"香浓微辣，鲜咸味厚，略有回甜"，也就是我国四川地区所说的"红油味"。这种调料的配制，也常用于四川地区的小吃。该味型在凉菜的调味中需要特别注意，既要重用红油，又不宜太辣，在配合当中，应是咸中略甜、辣里有鲜、鲜上加香。在调味中，红油辣椒及复制红酱油都自行调制。红油辣椒既要注意手法，又要注意油温。

该味型在西式调味中，对辣椒调料的使用以干辣椒、辣椒粉及青红尖椒为主。

【经典酱汁】

（香辣酱汁）

原料：
辣椒粉100克，鱼露50毫升，姜、白糖、盐、花椒粉、鸡精、醪糟汁、色拉油各适量。

制作：
1. 姜洗净去皮切末。
2. 炒锅注油烧至六成热，下入辣椒粉、姜末、花椒粉炒香，添入适量水，加入鱼露、醪糟汁、白糖、盐，边加热边搅拌至糖、盐溶化，撒入鸡精搅匀即可。

特点：
鲜辣香咸、微甜，常用于凉菜的制作。

糊辣油

原料：

干红辣椒50克，葱段、姜片、花生油各适量。

制作：

1. 干红辣椒切成小段。

2. 炒锅注油烧至八成热，下入葱段、姜片炸至焦黄捞出，再放入辣椒段，炸至颜色紫红、出糊辣香味即成。

特点：

淡黄透明，味香辣，常用于拌凉菜；在实际使用中，常只取糊辣油，而不用糊辣壳。

红油辣椒

原料：

红辣椒粉50克，葱段、姜片各25克，香油、色拉油各适量。

制作：

1. 将红辣椒粉加入适量香油调匀。

2. 炒锅注油烧至八成热，下入葱段、姜片炸至焦黄捞出，浇入辣椒粉中炸香调匀，晾凉即成。

特点：

油色红亮，味道香辣。辣椒粉沉淀后，上面的油称为红油或辣椒油，调味时可只取红油。

豆豉香辣酱

原料：

豆豉、郫县豆瓣酱各50克，辣椒粉25克，花椒、花生油各适量。

制作：

1. 郫县豆瓣酱切末，加辣椒粉、豆豉搅匀。

2. 炒锅注油烧热，下入花椒爆香捞去，将热油倒入碗中，搅匀晾凉后即可。

特点：

香辣鲜咸，可用于热菜的烹制。

北方香辣酱

原料：

黄酱100克，辣椒糊50克，葱、姜、蒜、芝麻、花椒、味精、白糖、色拉油各适量。

制作：

1. 葱、姜、蒜均切末，芝麻炒香。

2. 炒锅注油烧热，下入花椒炸香，取油。

3. 炒锅注花椒油烧热，放入黄酱、水、辣椒糊、白糖、葱末、姜末烧开，加入蒜末、芝麻、味精搅匀即成。

特点：

颜色酱红，有浓郁的酱香味和蒜香味，香辣鲜甜。

油酥豆瓣酱

原料：

郫县豆瓣酱100克，葱、姜、色拉油各适量。

制作：

1. 葱切段，姜切片。

2. 炒锅注油烧热，下入豆瓣酱略炒，加入葱段、姜片炒至吐红油，添入适量清水略烧，取出葱段、姜片即可。

XO辣酱

原料：

干红辣椒125克，蒜末、瑶柱、金华火腿、海米各50克，桂皮、辣椒粉、白糖、料酒、香油、色拉油各适量。

制作：

1. 干红辣椒切段，瑶柱泡发洗净撕成丝，金华火腿、海米分别切末。

2. 炒锅注油烧至六成热，下入干红辣椒炸香，加入瑶柱丝、火腿末、海米末、辣椒粉炒至出红油。

3. 烹入适量料酒，放入桂皮、白糖文火炒透，滴入香油即可。

特点：香辣鲜咸，颜色红亮。

【示范料理】

豆豉辣酱烧带鱼

原料：

带鱼500克，豆豉香辣酱100克，鸡蛋、葱花、姜末、蒜泥、糖、淀粉、料酒、花生油各适量。

制作：

1.带鱼去内脏洗净切段，裹匀蛋液，蘸匀淀粉，下入热油锅中煎熟，捞出沥油。

2.炒锅注油烧热，下入葱花、姜末、蒜泥爆香，加入豆豉香辣酱炒香。

3.添入适量水，放入带鱼、糖、料酒烧开，转小火炖熟即可。

红油猪舌

原料：

白煮猪舌2个，香菜叶、熟芝麻、葱段、姜片、红油辣椒、盐、味精、红酱油、香油各适量。

制作：

1.将猪舌洗净，下入加葱段、姜片的开水锅中焯片刻，捞出沥干切片。

2.将红油辣椒、红酱油、盐、味精、香油、熟芝麻调匀，浇入猪舌片中拌匀，撒入香菜叶即成。

特点：

香浓微辣，咸鲜醇厚，略带回甜。

提示：

可以改变主料，制作"红油心片"等。

XO辣酱炒鸭舌

原料：

鸭舌200克，芥兰片100克，葱段、姜花、蒜末、盐、味精、白糖、水淀粉、XO辣酱、料酒、鲜汤、香油、花生油各适量。

制作：

1. 芥兰片、鸭舌分别洗净，下入开水锅中焯熟，捞出沥干。

2. 炒锅注油烧热，下入芥兰片，烹入适量料酒、鲜汤，撒入盐、味精、白糖炒熟，勾芡，盛入盘中。

3. 炒锅注油烧热，下入鸭舌滑熟，捞出沥油。

4. 炒锅留底油烧热，下入葱段、姜花、蒜末爆香，烹入料酒，加入XO辣酱、鲜汤、盐、味精、白糖、鸭舌，勾芡，滴入香油炒匀，盛在芥兰片上即成。

特点：

香浓微辣，鲜咸醇厚。

香辣烤鱼

原料：

净鱼1条，生菜叶100克，面粉、香辣酱汁、色拉油各适量。

制作：

1. 生菜择洗净置于盘中；鱼洗净切段，加入香辣酱汁略腌，裹匀面粉。

2. 炒锅注油烧至六成热，下入鱼段炸至色金黄，捞出沥油。

3. 淋入腌鱼原汁，放入烤盘中，入烤炉烤熟即可。

特点：

香浓微辣，鲜咸醇厚。

珊瑚辣味肉

原料：

瘦肉250克，生菜叶100克，胡萝卜75克，干辣椒段、青蒜、油酥豆瓣酱、味精、胡椒粉、料酒、酱油、鲜汤、水淀粉、色拉油各适量。

制作：

1. 肉洗净切块，青蒜洗净切段，胡萝卜去皮挖成球；生菜择洗净，下入加色拉油的开水锅中略焯，捞出摆在盘边。

2.炒锅注油烧热，下入胡萝卜球滑油，捞出沥油。

3.炒锅留底油烧热，下入干辣椒、青蒜段爆香，烹入料酒，放入肉块，加入鲜汤、油酥豆瓣酱、酱油、胡椒粉、胡萝卜球烧熟，去除干辣椒，熬至汤汁浓厚，撒入味精，勾芡，装盘即可。

特点：

香浓微辣，鲜咸醇厚。

家常黄鳝

原料：

鳝鱼300克，西兰花100克，油酥豆瓣酱25克，葱段、姜片、蒜末、味精、胡椒粉、盐、白糖、水淀粉、料酒、酱油、鲜汤、色拉油各适量。

制作：

1.鳝鱼洗净切段，下入开水锅中焯一下，捞出沥水；西兰花择洗净，下入开水锅中焯熟。

2.炒锅注油烧热，下入西兰花，烹入料酒、鲜汤，撒入盐、白糖、味精，淋入水淀粉，旺火炒匀，摆在盘边。

3.炒锅注油烧至六成熟，下入鳝鱼段滑油后捞出，待油温升至九成热，再次滑油，捞出沥油。

4.炒锅留底油烧热，下入葱段、姜片、蒜末爆香，放入鳝鱼段，加入料酒、鲜汤、油酥豆瓣酱、胡椒粉、酱油烧透，撒入味精，勾芡，盛盘即成。

特点：

香浓微辣，鲜咸味厚。

麻 辣 味

【概述】

麻辣味是普遍使用的一种味型，是我国四川地区风味的代表作，口感极富刺激，主要应用于以家禽、家畜、水产、野味、蔬菜、豆类及其制品等为原料的菜肴。

麻辣味中的"麻辣"主要来源于各种麻味、辣味调味品，如花椒、花椒粉、花椒油、干辣椒、辣椒粉、红油辣椒、郫县豆瓣酱等；"咸鲜"味主要来源于酱油、味精、高汤、鸡粉等。

此味型在烹调当中，除使用以上某种"麻辣"味调味品和"咸鲜"味调味品外，还会根据不同的菜肴，使用陈皮、葱、姜、蒜、胡椒、料酒、醪糟汁、玫瑰露酒、白糖、糖色、香醋、香油、熟鸡油等辅助调味料。

>>调出正宗的麻辣味

调麻辣味的重点，应在咸味的基础上，重用辣椒、花椒。在各种调味品中，豆豉的作用是增加菜肴的鲜香，味精是提味、增味，香油辅助增香。制作麻辣味时，酱油、红油辣椒、花椒的使用不要过量，做到麻而不辣，辣而不燥，回味无穷。也可以根据人们的喜好、凉热菜的不同进行调节。

提示：

为了加强麻辣的效果，在菜肴中可加入适当的辣椒节、花椒粒。

要注意使底味鲜咸的程度足够，否则会使人感到麻辣飘、薄，使该味大大逊色。

>>热菜的麻辣味

热菜的麻辣味调配流程，是将豆瓣、豆豉下锅炒上色后，添入鲜汤，放入原料烧开入味，加入酱油、糖、味精等调味提味，收浓汁后起锅，撒入花椒末，滴入香油即可。

提示：

在热菜麻辣味的调味中，要重用豆瓣增辣、增香，达到口感麻辣、咸中有鲜、香辣味麻、味道浓厚、醇香可口。注意香油的用量不要太大，以不压倒辣椒的香辣和花椒的辛麻为度。

>>凉菜的麻辣味

凉菜麻辣味的调制，是将酱油、红油辣椒、花椒粉、香油等调匀，再加入味精、糖调拌匀。

>>麻辣味的分类

根据在烹调中不同的菜肴风味，麻辣味分为清麻辣型和浓麻辣型两大类。

◎ 清麻辣型

清麻辣型在四川地区也被称为"煳辣味"，是指以干辣椒在油中炸成煳辣壳所产生的味道。清麻辣型是以干辣椒、辣椒粉、花椒、花椒油以及煳辣油为主，常伴以适量的糖、醋，使之回甜、回酸或回味酸甜，口味特点主要体现为：麻辣清香、咸鲜爽口；根据不同菜肴的风味状况，有的略带回甜、有的略带回酸或回味酸甜。

◆ 火候要注意

干辣椒和花椒常一同下锅，爆香干辣椒和花椒的火候要掌握好：火候太软、油温太低出不来香气；火候过硬、油温太高则变味。一般情况下，干辣椒应以中火在六成热油中炸至紫红色为宜。

◆ 回味酸甜的制作

糖与醋的恰当使用，可使菜肴"底味"增加厚度，可以更好地

衬托出麻辣清香、爽口。操作时可以通过调整糖、醋的量与整体菜肴量的比例，使菜肴呈小酸甜味。一般说来，糖、醋量的比例应为1:1，要注意醋的用量不宜过大，并要注意使用"烹醋"这一手法（即油热后，将醋与原料一同下锅，或先烹入适量的醋，使之烹出醋香，达到"爽口"）。

◎ 浓麻辣型

浓麻辣型的口味特点主要体现为：麻辣香浓，鲜咸醇厚；根据不同菜肴的风味状况，或略带回甜。

一般浓麻辣型在麻、辣调料的使用上，常根据不同菜肴的风味所需，酌情组合选用。这就要求慎用辣味调料，并在调制该味型的菜肴时，特别要掌握好"底味"的鲜咸厚度，衬托出的浓厚的麻辣味给人以香浓而不薄的感觉。

◆ 巧放干辣椒、花椒

在调制此浓麻辣型时需注意：要重用麻辣，但又要以辣而不燥、辣而不死为原则。这就要在麻、辣调料的用量上掌握好与整体菜肴的比例。干辣椒和花椒在使用上同清麻辣型。

◆ 辅料适时加入

花椒粉要在成菜后加入，且无须加热，否则会有画蛇添足之感，而失其香；辣椒粉常在烹制过程中加入，在火候上以出红油即可，而油温不宜过高，否则会失去香味和红色；郫县豆瓣酱要搅细后使用，在使用当中，一定要煸透、煸酥，使之出香而无生豆瓣味，另外，郫县豆瓣酱属咸辣调料，一定要掌握好用量，使整体菜肴在辣味够的前提下又不能咸，这可根据郫县豆瓣酱的咸辣程度与辣椒粉配合使用。

【经典酱汁】

麻辣汁

原料：

花椒、干红辣椒各25克，葱、酱油、香油、味精、淀粉各适量。

制作：

1. 干红辣椒切段。

2. 锅中添入适量水，放入花椒、干红辣椒、葱末慢火熬。

3. 加入酱油、味精、香油烧开，勾芡即成。

特点：

汁浓味香，麻辣爽口。

提示：

1. 可以将此汁直接浇在炸好、蒸熟的原料上，如麻辣丸子、麻辣鱼块、麻辣土豆等。

2. 此汁宜现用现做，不可长久存放，以确保特色风味。

3. 此汁也可以按烹制菜肴的程序，逐步制成，达到菜熟汁成、汁菜不分离。

陈皮汁

原料：

干陈皮块、干红辣椒节、花椒、葱段、姜片各25克，盐、味精、白糖、料酒、鸡汤、酱油、香醋、香油、色拉油各适量。

制作：

1. 炒锅注油烧至六成热，下入干陈皮块、干红辣椒节、花椒煸至变色。

2. 加入葱段、姜片炒香，烹入料酒、鸡汤、酱油，再加入白糖、香醋、盐，小火熬香，撒入味精，滴入香油即成。

麻婆调味汁

原料：

郫县豆瓣酱400克，姜、蒜、盐、辣椒粉、花椒粉、味精、酱油、料酒、色拉油各适量。

制作：

1.豆瓣酱剁末，姜去皮切末，蒜去皮捣碎。

2.炒锅注油烧至四成热，下入辣椒粉、花椒粉、豆瓣酱炒香，加入酱油、料酒、盐、姜、蒜烧沸，撒入味精搅拌均匀即可。

特点：

香麻鲜辣，咸味适口。

麻辣酱

原料：

干花椒、干辣椒各25克，葱段、姜片、蒜泥、糖、味精、花椒粉、醋、料酒、酱油、豆瓣酱、色拉油各适量。

制作：

1.干辣椒切段。

2.炒锅注油烧热，下入干辣椒段炸至变色，再下入花椒炒香，煸香葱段、姜片、蒜泥。

3.放入糖、味精、醋、料酒、酱油、豆瓣酱略炒，加入花椒粉炒匀即可。

特点：

颜色金红，麻辣鲜香，稍带甜酸。可制麻辣鱼丁等。

麻辣油

原料：

干辣椒节100克，花椒75克，葱段、姜片、红辣椒粉、香油、花生油各适量。

制作：

1.红辣椒粉加入适量香油调成辣汁。

2.炒锅注油烧至六成热，下入干辣椒节、花椒炸至辣椒紫红、花椒焦黄、出煳辣香味。

3.加入葱段、姜片炸至色金黄、出香，放入辣汁，待油凉即成。

（麻辣碎）

原料：

干红辣椒50克，花椒25克，色拉油适量。

制作：

1. 干红辣椒切段，花椒去籽。

2. 炒锅注油烧热，下入辣椒段、花椒炒至变色，取出晾凉。

3. 倒入家用搅拌机，打成碎粉呈糊辣末即可。

【 示范料理 】

（麻辣土豆）

原料：

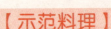

土豆200克，葱、姜、蒜、辣椒末、花椒、盐、胡椒粉、麻辣汁、醋、酱油、香油各适量。

制作：

1. 土豆洗净去皮切块，下入加盐的开水锅中煮熟，捞出沥干；葱、姜、蒜分别切末，置于碗中。

2. 炒锅注油烧热，下入花椒、辣椒末爆香，盛入碗中，放入土豆、醋、酱油、麻辣汁、胡椒粉、香油拌匀即可。

（麻婆豆腐）

原料：

嫩豆腐500克，肉末100克，干辣椒、姜末、盐、花椒粉、淀粉、麻婆调味汁、色拉油各适量。

制作：

1. 豆腐切小块，下入加盐的开水锅中焯一下，捞出沥干；干辣椒切段。

2. 炒锅注油烧热，下入姜末、干辣椒炒香，再下入肉末炒至变色，加入麻婆调味汁炒匀。

3. 添入适量水烧开，放入豆腐块推匀烧透，勾芡，最后撒入花椒粉即可。

麻辣胡萝卜

原料：

胡萝卜500克，香菜叶、红油辣椒、花椒面、盐、味精、鲜汤、麻辣油、香油各适量。

制作：

1. 胡萝卜去皮切片，下入开水锅中焯熟，捞出沥干。

2. 将红油辣椒、花椒粉、盐、味精、鲜汤、麻辣油、香油调成味汁，放入胡萝卜片腌入味，沥干装盘，撒入香菜叶即成。

特点：

麻辣清香，咸鲜爽口。

麻辣炝圆白菜

原料：

圆白菜250克，红尖椒丝25克，白糖、盐、味精、淀粉、料酒、香醋、鲜汤、麻辣油、花生油各适量。

制作：

1. 圆白菜洗净切片，加入红尖椒丝、料酒、白糖、香醋、盐、鲜汤拌匀。

2. 炒锅注油烧至七成热，下入圆白菜片、红尖椒丝旺火炒熟，撒入味精，勾芡，滴入麻辣油翻匀即成。

特点：

麻辣清香，咸鲜爽口，回味酸甜。

麻辣鱼块

原料：

净草鱼1条，香菜、葱、姜各25克，盐、白糖、味精、料酒、酱油、醋、鲜汤、麻辣汁、花椒油、香油各适量。

制作：

1. 草鱼取鱼肉切大块，葱、姜切末，香菜择洗净切末。

2. 炒锅注油烧至七成热，下入鱼块炸至色金黄，捞出沥油。

3.炒锅注油烧至六成热,下入葱末、姜末爆香,烹入酱油、料酒、鲜汤,撒入盐、糖,放入鱼块,大火烧至入味,捞出晾凉,加麻辣汁拌匀,撒入香菜末即可。

水煮鳝片

原料:

净鳝鱼1条,生菜叶150克,青蒜段75克,芹菜心50克,香菜叶、葱白丝、红辣椒油、淀粉、盐、麻辣碎、味精、郫县豆瓣酱、料酒、酱油、水淀粉、鲜汤、香油、花生油各适量。

制作:

1.鳝鱼取肉,加料酒、酱油、淀粉上浆;生菜叶择洗净。

2.炒锅注油烧热,下入青蒜段、芹菜段、生菜叶炒匀,烹入料酒,添入鲜汤,加入郫县豆瓣酱、酱油、味精烧开,用漏勺将汤中原料捞出,盛入盘内。

3.原汤烧开,下入鳝片滑熟,滴入红辣椒油,盛入盘中,撒入葱白丝、麻辣碎,浇入热油,最后撒入香菜叶即成。

特点:

麻辣香浓,鲜咸醇厚,色泽红亮。

麻辣肉块

原料:

猪瘦肉250克,红油辣椒50克,葱段、姜片各25克,香菜叶、熟白芝麻、花椒粉、白糖、盐、味精、胡椒粉、料酒、香醋、酱油、麻辣油、香油、花生油各适量。

制作:

1.肉切块洗净,下入加葱段、姜片、料酒的开水锅中焯一下,捞出沥干。

2.炒锅注油烧至六成热,下入肉块滑熟,捞出沥油。

3.加入白糖、胡椒粉、花椒粉、味精、盐、香醋、酱油、香油、红油辣椒、麻辣油、熟芝麻拌匀,撒入香菜叶即成。

酸辣味

【概述】

　　酸辣味是中餐、西餐中均经常使用的口味，广泛用于以家禽、家畜、水产、蔬菜、禽蛋、豆类及其制品等为原料的菜肴中。酸辣味口感酸香微辣，咸鲜清爽，有很好的除味、解腻的作用。

>>酸辣味的来源

　　酸辣味是咸酸味与香辣味的复合味，"酸"、"辣"味主要来源于酸、辣及酸辣味调味品，如各种黄醋、白醋、柠檬汁、柠檬酸、醋泡菜、番茄、番茄酱等酸性水果、果汁、果酱以及白胡椒粉、鲜红辣椒、干辣椒、泡红辣椒、元红豆瓣酱、郫县豆瓣酱、红油辣椒、辣酱油等；"咸"、"鲜"味主要来源于盐、味精、各种鲜汤、鸡粉等。

　　此味在使用当中，除以上某种酸味、辣味、咸味、鲜味调味品外，还常根据不同菜品的要求选用葱、姜、蒜、料酒、白酒、酱油、香油、熟鸡油以及少量的白糖、熟芝麻、花椒、香菜、青蒜等辅味调料。

>>酸辣味分类

　　用醋和胡椒粉调成酸辣味又分为两种味：一是用水淀粉勾芡的酸辣味，代表菜肴有酸辣蹄筋、酸辣蛋花汤等；二是清汤调成的酸辣味，代表菜肴有酸辣海参，酸菜鱿鱼等。

　　用醋和红油辣椒组合的酸辣味也分凉菜与热菜两大类：凉菜主要用于蔬菜原料，调味除盐、酱油、红辣椒油、醋、香油、味精以外，还可以加少许花椒粉，成菜咸微麻，常见的菜肴有酸辣凉粉、酸辣豆花、酸辣莴笋等；

热菜除前面所述的勾芡与清汤调成的酸辣味，还有风味小吃酸辣粉系列，适于炒、熘、焯的酸辣味，如酸辣肝片、酸辣鱿鱼卷、酸辣豆花等。

>>调出正宗酸辣味

调制时要以足够的咸味为基础，在盐的用量上要比其他味型的菜肴略多一些。如咸味不足，"底味"作用不够，则味道易显得薄而飘。一般在调制时，应先调好咸、鲜味，再调以酸、辣，否则不易调正。

在酸、辣调味品的使用上，要注意酸与辣两者之间的关系。在二者当中，酸味是主体，辣味只起辅助酸味的作用。在醋的使用上，其用量以菜肴入口酸味适中为宜。在辣味调料的使用上，多以入口清爽微辣为佳。在其他辅味调料的使用上，香油、香菜、青蒜宜最后下入，以使该味型得以升华。

用清汤调成的酸辣味，配菜用料不要过量；酸菜叶和梗要分别使用，叶用来做汤，味不浓，再加梗；汤味不够，还可以加些醋。

制作汤菜。红油辣椒起提鲜压异味的作用，辣味用量以适当浓烈为宜，花椒以略有香麻味为宜，以咸为基味，酸辣为主味。

制作热菜。用豆瓣酱调和，食用时可增加香辣味；以白醋提鲜，不影响色泽；用泡辣椒提鲜，出色、助咸，但用量不宜过大；可加入适量花椒粉，进一步提鲜增辣。

【经典酱汁】

家常酸辣汁

原料：

胡椒粉、味精、盐、醋、酱油各适量。

制作：

将胡椒粉、盐、醋、味精、酱油调和均匀即可。

使用方法：

这款酸辣汁以胡椒粉的辣味为主，调和时注意醋和盐的比例。使用时直接加入菜中即可。

豆瓣酸辣汁

原料：

豆瓣酱200克，醋50克，酱油25克，葱、姜、甜辣椒、白糖、盐、味精、料酒、色拉油各适量。

制作：

1.豆瓣酱剁末，甜辣椒洗净切末，葱、姜分别洗净切末，白糖、盐、酱油、料酒调成味汁。

2.炒锅注油烧热，下入豆瓣酱炒香，放入葱、姜、甜辣椒略炒，烹入味汁烧开，加入醋、味精搅匀即可。

西式核桃酸辣汁

原料：

核桃仁250克，大蒜、香菜各50克，干辣椒、胡椒粉、盐、味精、柠檬汁各适量。

制作：

1.将核桃仁泡软，去皮切末；干辣椒、蒜、香菜均切末。

2.将核桃仁末、干辣椒末、蒜末、香菜末加入盐、胡椒粉、柠檬汁、少许水调匀即成。

使用方法:

常用于拌制色拉,也用于炖鸡、炖鱼、炖蔬菜,以及浇汁或配碟。

调味酸辣酱

原料:

黄酱100克,白糖、干辣椒各25克,蒜泥、醋、色拉油各适量。

制作:

1.炒锅注油烧热,下入干辣椒炸香,停火除去辣椒。

2.辣椒油中加入黄酱搅拌均匀,添入适量水烧开,再加入白糖、蒜泥、醋搅匀即成。

特点:

色棕褐,有浓郁的酱香味,口感先酸后辣。

【示范料理】

酸辣蛋花汤

原料:

鸡蛋1个,豆腐、木耳各50克,葱花、淀粉、家常酸辣汁、香油各适量。

制作:

1.鸡蛋搅匀,木耳切丝,豆腐切小片。

2.炒锅注油烧热,下入葱花爆香,添入适量水,放入豆腐、木耳、家常酸辣汁烧开,勾芡,淋入鸡蛋液,待蛋花刚刚浮起时,滴入香油,撒入葱花即成。

提示:

可根据口味增加胡椒粉和醋,还可按个人口味加鱿鱼片、肉丝等;淋蛋液时要均匀,火候不要大,否则蛋花不嫩。

烩乌鱼蛋

原料：

腌乌鱼蛋200克，香菜末、胡椒粉、盐、味精、淀粉、酱油、醋、料酒、高汤、香油各适量。

制作：

1.将腌乌鱼蛋下入开水锅中焯熟，捞出沥干切片。

2.锅中添入适量高汤，加入料酒、酱油、盐、乌鱼蛋片烧开，撇去浮沫，撒入味精，勾芡，待芡熟汤透亮，倒入家常酸辣汁，淋入香油，撒入香菜末即成。

特点：

酸香微辣，咸鲜爽口，汁色橙黄。

核桃酸辣汁拌菠菜

原料：

菠菜250克，芹菜叶、葱头、香菜、胡椒粉、西式核桃酸辣汁各适量。

制作：

1.将菠菜择洗净，下入开水锅中焯熟，捞出沥干切段；香菜、葱头择洗净均切末。

2.将菠菜段摆入盘中，撒入葱头末、香菜末、胡椒粉，浇入西式核桃酸辣汁，以芹菜叶围边即成。

鸡蛋生菜色拉

原料：

鸡蛋250克，生菜叶100克，西式核桃仁酸辣汁适量。

制作：

1.生菜叶择洗净，鸡蛋煮熟去壳切圆片。

2.盘中摆入生菜叶、鸡蛋片，浇入西式核桃仁酸辣汁即成。

特点：

酸香微辣，咸鲜爽口。

酸辣豆花

原料:

豆腐脑100克,香菜叶、熟芝麻、葱花、豆瓣酸辣汁各适量。

制作:

1.豆花盛入碗中。

2.将豆瓣酸辣酱浇入豆花中,再撒入葱花、熟芝麻、香菜即成。

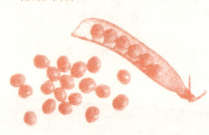

特点:

酸香微辣,咸鲜爽口。

使用方法:

在豆瓣酸辣酱中,也可根据口味需要选择调入芝麻酱、花椒粉、蒜末、油酥花生米末、油酥牛肉末等。

酸辣冬瓜

原料:

冬瓜250克,香菜段、葱段、姜片、花椒、调味酸辣酱、料酒、香油、色拉油各适量。

制作:

1.冬瓜去皮切条,下入开水锅中焯一下,捞出过凉。

2.炒锅注油烧热,下入葱段、姜片、花椒爆香,烹入料酒,加入适量水、盐烧开,去掉葱段、姜片、花椒,放入冬瓜条煮熟,再加入味精、调味酸辣酱搅匀,撒入香菜段,滴入香油即成。

特点:

酸香微辣,咸鲜爽口。

甜 咸 味

【概述】

　　甜咸味是由咸味、辣味、鲜味和香味调和而成，是中餐、西餐调味中均经常使用的一种味型，主要使用的调味料有盐、酱油、味精、酒、糖等，口感甜中有咸，咸中有香，香中有鲜。广泛用于冷、热菜式，主要用于以家禽、家畜、水产、豆制品以及部分蔬菜等为原料的菜肴。

>>甜咸味的特点

　　甜咸味具有甜咸并重、鲜香醇厚的特点，由于不同菜肴的风味不同，或咸中带甜，或甜中带咸。

>>甜咸味的调味料

　　甜咸味其中的咸、甜味主要来源于各种咸甜味调味品，如盐、白糖、白糖粉、绵白糖、白冰糖、红冰糖、红糖、糖稀、饴糖、片糖、普通蜂蜜、枣花蜜、槐花蜜，玫瑰酱、桂花酱等各种糖类、蜜类等，鲜味主要来源于味精、鲜汤、鸡粉等。

　　由于不同菜肴的风味所需，甜咸味在使用的过程中，还常酌情选用葱、姜、蒜、料酒、白酒、醪糟汁、胡椒粉、糖色、香油、熟鸡油，以及少量的香醋、五香调料、葱椒泥、花椒油、茶油、红曲等辅味调料。

>>怎样调出正宗甜咸味

　　调制甜咸味时，应注意掌握咸味料与甜味料的用量。在调制时，应先在调好咸味的基础上，再调以甜味，最后以鲜味调料和其味。在咸味调料的用量上以菜肴咸味适中为好，在甜味调料的用量上以入口带甜为佳。

在制作"咸中带甜"为特点的菜肴时，要慎用甜味调料，不宜过多；在制作"甜中带咸"为特点的菜肴时，要注意在有一定的咸味的基础上，重用甜味调料，以突出甜味。在咸味调料的用量上，以菜肴回味带咸为好；在甜味调料的用量上，以菜肴入口甜香为佳，但切不可甜味调料用量过大，使人食之有发腻的感觉。

在其他辅味调料的使用上，如使用醋时，一定要掌握好用量，不要用量过大，醋在其中只起去腥、解腻、增香的作用，而不能在该味型的菜肴中吃出酸味。

【经典酱汁】

叉烧汁

原料：

红曲米50克，糖25克，葱、姜、盐、酱油、料酒各适量。

制作：

1. 将红曲米加水煮出红色。
2. 取汁加入糖、盐、酱油、葱、姜、料酒烧开，撇去浮沫即成。

咸甜酱汁

配方一

原料：

优质酱油200毫升，冰糖25克，花椒、桂皮、甘草各适量。

制作：

将酱油加入冰糖、花椒、桂皮、甘草浸泡1个月，去掉杂质即成。

配方二

原料：

优质酱油200毫升，冰糖25克，花椒、桂皮、甘草、小苏打各适量。

制作：

1.锅中添入适量水，放入小苏打、冰糖、花椒、桂皮、甘草、酱油，慢火熬至冰糖化尽，出香味。

2.滤去杂物，撒入味精即成。

特点：

咸甜并重，鲜香醇厚。

【示范料理】

叉烧肉

原料：

猪里脊肉250克，葱、姜、叉烧汁、蜂蜜、米酒各适量。

制作：

1.葱切段，姜切片；猪里脊肉切条，加叉烧汁、米酒、葱段、姜片腌入味。

2.取出肉，沥干汁，涂匀蜂蜜，入180℃烤箱烤20分钟后取出，刷匀酱汁，稍干后再刷匀蜂蜜。

3.重复烤2～3次至肉熟即可。

叉烧鱼

原料:.

净鲫鱼1条，猪五花肉100克，芽菜50克，泡红辣椒、葱段、姜片、盐、淀粉、料酒、叉烧汁、酱油、蛋清、香油各适量。

制作：

1.将鲫鱼两面各划上几刀，加叉烧汁、姜片、葱段略腌；猪五花肉、芽菜、泡辣椒剁成末。

2.炒锅注油烧热，下入肉末、芽菜末、泡辣椒末炒匀制成馅，填入鱼腹中，用竹签锁住鱼腹。

3.将鲫鱼置于烤箱中烤熟即可。

特点：

油皮酥香，鱼鲜味浓，风味独特，佐酒尤佳。

姜丝脆鳝

原料：

鳝鱼肉500克，葱末、葱段、姜末、姜丝、姜片、盐、醋、咸甜酱汁、香油、色拉油各适量。

制作：

1.鳝鱼肉下入加盐、醋、葱段、姜片的开水锅中焯一下，捞出沥干切片。

2.炒锅注油烧至七成热，下入鳝鱼肉滑油，捞出；待油温升至八成热时，再放入鱼肉复炸至松脆，捞出沥油。

3.炒锅留底油烧热，下入葱末、姜末煸香，烹入咸甜酱汁烧沸，放入炸脆的鳝鱼肉颠翻，淋入香油，撒入姜丝即成。

特点：

鱼肉松脆香酥，呈酱褐色，卤汁甜中带咸，佐酒尤佳。

油焖大对虾

原料：

鲜虾10个，青蒜段25克，葱段、姜片、胡椒粉、料酒、咸甜酱汁、醋、鲜汤、香油、色拉油各适量。

制作：

1.虾去腿洗净。

2.炒锅注油烧热，下入葱段、姜片爆香，放入虾稍煎，烹入咸甜酱汁、鲜汤、胡椒粉，旺火烧开，转小火焖熟，淋入香油。

3.取出虾摆入盘中，撒入青蒜段，浇入虾汁即可。

冰糖猪蹄

原料：

猪蹄500克，葱段、蒜片、姜片、咸甜酱汁各适量。

制作：

1.猪蹄洗净，去除大骨，下入开水锅中焯片刻，捞出沥干。

2.锅中添入适量水，放入猪蹄，加入咸甜酱汁、葱段、姜片，盖盖，旺火烧开，转小火烧至肉熟汁浓取出，拣去葱段、姜片即可。

红烧猪大肠

原料：

猪大肠250克，笋片25克，香菜叶、葱段、葱花、姜末、姜片、红尖椒、胡椒粉、红曲米、淀粉、白醋、玫瑰露酒、咸甜酱汁、香油、花生油各适量。

制作：

1.猪大肠洗净，下入加葱段、姜片、红尖椒、白醋的开水锅中焯片刻，捞出沥干。

2.锅中添入适量水，放入猪大肠、咸甜酱汁、红曲米、玫瑰露酒煮熟，捞出切段。

3.炒锅注油烧热，下入葱花、姜末、笋片爆香，烹入玫瑰露酒、原汤，放入猪大肠，加入咸甜酱汁、胡椒粉烧开，转小火焖15分钟，勾芡，滴入香油，撒入香菜叶即成。

特点：

咸甜并重，鲜香醇厚，肥而不腻，色泽红亮。

鲜咸味

【概述】

　　鲜咸味是菜肴最基本的味，也是中餐、西餐菜肴调味中使用最广的味型，在各种地方菜的各种菜肴均常见，广泛用于冷、热菜式。鲜咸味是由咸味和鲜味组成，咸味是基础，其他味是辅助。调味时以盐为主，可酌量加入胡椒粉、味精、酱油、白糖。在烹调中，广泛用于冷、热菜品，适用于家禽、家畜、山珍、海鲜、蔬菜、瓜果、豆制品等的烹调。

>>鲜咸味的种类

　　由于地区的不同，鲜咸味在菜肴中所体现的风味也有所差异，一般可分为浓本鲜型和清本鲜型两大类。

　　在中式调味中多用"浓本鲜型"，其口味特点主要体现为：荤香浓郁，鲜咸醇厚。该味型中，"本鲜"味主要来源于各种本鲜类调味原料，常以家禽、家畜、水产、海藻等为"浓本鲜型"的主体调味原料。

　　在西式调味中多用"清本鲜型"，其口味特点主要体现为：清香浓郁，鲜咸爽口。在蔬菜、食用菌等调味原料中，常以胡萝卜、芹菜、葱头、青椒、圆白菜、白萝卜、黄豆芽、欧芹、冬瓜、红菜头以及各种干、鲜蘑菇等为主体调味原料。

>> "鲜"与"咸"的来源

　　鲜咸味的底味"咸味"主要来源于盐等调料，"鲜味"来源于味精、鸡粉等"本鲜"味调料。除使用以上某种"本鲜"味调料及"咸味"调味品外，还根据不同菜肴的风味所需，使用不同的辅料。

　　在中餐中常酌情选用料酒、葱、姜、蒜、胡椒、花椒、白糖、香油、花生油、熟鸡油、色拉油等以突出本味。

　　在西餐中还酌情选用香叶、小茴香、百里香草、阿里根奴叶、马鞭草等青叶类香料为辅味调料。

>>调出正宗的鲜咸味

● 调料使用注意

在调味过程中，要根据原料的多少、成菜要求，酌情下入调料，使菜肴咸鲜适度，突出原料本来之鲜味。

在辅味调料的使用中应注意：料酒、葱、姜、蒜、胡椒、花椒及西餐中各种青叶类香料在调味中有去腥、解腻的作用；白糖只起提鲜的作用；香油、鸡油仅为增香之用，用量不宜过多，以免喧宾夺主；花生油只作为传热媒介，不宜过多，多则腻。

● 原料处理注意

在"本鲜"味各种调料汤汁的制作中，各种原料应根据需要经过焯烫、烤制等加工，以除其腥杂之气，增其鲜香之味。

提示：

制作蔬菜本鲜味汤时，要以文火煮透，使蔬菜中的清香味充分溶于汤汁，或以几种蔬菜根据需要配加香叶，相互组合，参与调配味。如：以胡萝卜、芹菜、葱头、香叶为一组的组合。

【经典酱汁】

白油咸鲜汁

原料：

盐、胡椒、味精、泡红辣椒、姜、蒜、香油各适量。

制作：

1. 将泡红辣椒、姜、蒜切末，加水取汁。

2. 汁中加入盐、胡椒粉、味精调匀，滴入香油即成。

使用方法：

拌凉菜、熘炒热菜均可。

酥香咸鲜汁

原料:

鸡蛋1个,盐、胡椒粉、淀粉、葱汁、姜汁各适量。

制作:

1.将鸡蛋打匀。

2.加入盐、胡椒粉、淀粉、葱汁、姜汁调匀即成。

特点:

酥香细嫩,香脆松软,咸香醇厚。

使用方法:

裹于食材表面,下入热油锅炸熟即可。

盐水咸鲜汁

原料:

盐、酱油、味精、香油各适量。

制作:

1.将盐、酱油、味精调成味汁。

2.滴入香油即可。

使用方法:

淋于菜肴上即成。

蒸香咸鲜汁

原料:

花椒、葱、姜、盐、胡椒粉、料酒各适量。

制作:

1.葱、姜切末。

2.将盐、胡椒粉、花椒、葱末、姜末、料酒调匀即可。

使用方法:

放入主料腌渍,如鸡、鸭等,再上笼蒸熟,浇入蒸汁即可。

【示范料理】

双菇肉丝

原料：

鲜金针菇150克，干香菇、肉丝各50克，鸡蛋液、淀粉、盐、白油咸鲜汁各适量。

制作：

1.金针菇去根洗净，下入开水锅中焯熟，捞出沥干切段；香菇泡发洗净切丝，肉丝加淀粉、盐、鸡蛋液上浆。

2.炒锅注油烧热，下入肉丝滑熟，捞出沥油。

3.将金针菇、香菇、肉丝加白油咸鲜汁拌匀即可。

特点：

此菜富含动物蛋白和植物蛋白及维生素C，制作简便。

鲜熘鱼片

原料

净黑鱼肉500克，豌豆尖25克，葱、姜、蒜、盐、淀粉、鸡蛋清、白油咸鲜汁、色拉油各适量。

制作：

1.将鱼肉切片，加盐、蛋清、淀粉上浆；葱切段，姜切片，蒜切末。

2.炒锅注油烧热，下入鱼片滑油，捞出沥油。

3.炒锅注油烧热，下姜片、蒜片、葱段爆锅，加入鱼片略炒，烹入白油咸鲜汁，撒入豌豆尖炒匀即可。

健康小知识：每100克黑鱼肉中含蛋白质18.5克，脂肪1.2克，含有18种氨基酸，还含有人体必需的钙、磷、铁及多种维生素，适于身体虚弱、低蛋白血症、脾胃气虚、营养不良、贫血者食用。两广一带视黑鱼为珍贵补品。用以催乳、补血。

火爆双脆

原料：

猪肚、鸡胗各100克，豌豆苗25克，泡辣椒、姜片、蒜片、盐、淀粉、料酒、白油咸鲜汁、色拉油各适量。

制作：

1.猪肚、鸡胗分别洗净切块，加盐、料酒、淀粉略腌；豌豆苗洗净。

2.炒锅注油烧热，下入猪肚、鸡胗滑油，捞出沥油。

3.炒锅注油烧热，下入姜片、蒜片爆锅，放入猪肚、鸡胗、豌豆苗翻炒，烹入白油咸鲜汁炒匀即可。

金钱虾饼

原料：

虾250克，猪五花肉、金华火腿各75克，荸荠50克，芝麻、花椒盐、酥香咸鲜汁、色拉油各适量。

制作：

1.虾取肉剁成泥，猪五花肉切成丁，荸荠去皮切成末，三种原料加入酥香咸鲜汁搅匀成糊；火腿切小条。

2.将虾糊挤成球，放在芝麻上，按成饼状，将火腿条在虾饼中间摆成正方形，似金钱样，依次将所有虾糊做完。

3.炒锅注油烧至五成热，下入金钱虾饼炸至色金黄，捞出沥油，佐以花椒盐食用即可。

锅贴鱼片

原料：

净鳜鱼肉300克，虾仁、猪五花肉各100克，鸡蛋1个，荸荠、盐、淀粉、酥香咸鲜汁、色拉油各适量。

制作：

1.鸡蛋分开蛋清、蛋黄；鳜鱼肉切片，加盐、蛋清、淀粉上浆，虾仁加淀粉、盐上浆，剁成泥；猪五花肉切片，荸荠切末。

2.将虾仁泥、荸荠末加酥香咸鲜汁搅匀，制成虾泥料。

3.将每片五花肉蘸匀干淀粉，铺匀虾泥料，盖上鱼片，裹匀蛋黄液，制成"锅贴鱼片"的生坯。

4.炒锅注油烧至五成热，下入生坯，慢火煎熟即可。

特点：

软嫩香脆，油润不腻，色泽淡雅。

卤珍珠笋

原料：

玉米笋500克，葱花、味精、盐水咸鲜汁、香油各适量。

制作：

1.将玉米笋洗净切段。

2.炒锅注油烧至四成热，下入玉米笋滑油，捞出沥油。

3.炒锅注油烧热，下入葱花爆香，加入盐水咸鲜汁、玉米笋烧入味，撒入味精、淋入香油即可。

三丝发菜

原料：

油菜100克，香菇、竹笋各50克，发菜25克，姜末、盐水咸鲜汁、色拉油各适量。

制作：

1.发菜泡发洗净，竹笋、香菇、油菜分别洗净切丝。

2.炒锅注油烧至七成热，下入笋丝、香菇丝煸炒，再下入发菜、油菜，添入适量水，加入盐水咸鲜汁、姜末烧入味即成。

盐水鸡

原料：
净鸡1只，盐、蒸香咸鲜汁各适量。

制作：
1. 将鸡内外抹匀盐，用干净的白布包住，置于冰箱中冷藏4小时后取出，除去白布，抹干盐水。

2. 入蒸笼蒸熟，食用时佐以蒸香咸鲜汁即可。

干烧鲫鱼

原料：
净鲫鱼1条，葱、姜、蒜、大酱、辣椒酱、醋、蒸香咸鲜汁、香油各适量。

制作：
1. 鲫鱼去鳞、鳃和内脏洗净，将鱼身两侧斜划数刀，加蒸香咸鲜汁略腌；葱、姜、蒜均切末。

2. 炒锅注油烧热，下入鲫鱼滑油，捞出沥油。

3. 炒锅注油烧热，下入姜末、蒜末、大酱、辣椒酱炒匀，烹入蒸香咸鲜汁，添入适量水，放入鲫鱼大火烧开，转小火煨至汤浓，撒入葱末，滴入香油、醋即可。

特点： 色焦黄，味香辣，鱼肥嫩。

酸 甜 味

【概述】

酸甜味是中餐、西餐调味中广泛使用的一种味型，是由咸味、甜味、酸味和香味混合而成，广泛用于冷、热菜式，主要用于以禽类、家畜、水产、蔬菜等为原料的菜肴。

酸甜味在很多地区被称为"糖醋味",所谓"糖醋"是由于在该味型中,主要使用了糖和醋。但有些地区吸取了西餐的调味方法,以水果和蔬菜与各种"甜"、"酸"味调料配合,先制成"甜酸味汁",在烹调菜肴时直接以之进行调味。

>> "酸甜"的来源

"酸甜"味主要来源于各种糖类、蜜类、果干、果脯、果酱、果汁、瓜果、醋类和调配料等,是以适当的咸味为基础的,如"底味""咸鲜味"不够,则会使甜酸味发飘。"咸鲜"味主要来源于盐、味精和各种鲜汤等调料。

常见的"酸甜"味:糖类、蜜类包括白糖、白糖粉、绵白糖、白冰糖、红冰糖、红糖、片糖、糖稀、饴糖、普通蜂蜜、枣花蜜、槐花蜜、玫瑰酱、桂花酱等;果干包括葡萄干、香蕉干片、杏干等;果脯包括蜜饯橘皮、蜜饯柠檬皮、糖渍橘皮、瓜条、蜜枣、苹果脯、桃脯、山楂糕、山楂片、果丹皮等;水果包括西瓜、哈密瓜、香蕉、黑李子、苹果、梨、橘子、山楂、酸梅、柠檬、红石榴、鲜番茄、葡萄等;果酱包括苹果酱、草莓酱、杏酱、山楂酱、番茄酱、番茄沙司、冰梅酱等;果汁包括秋梨汁、芒果汁、木瓜汁、甘蔗汁、橘子汁、葡萄汁、草莓汁、汤梅汁、红石榴汁、柠檬汁等;醋类包括黄醋、红醋、白醋、黑醋、醋粉等;配料包括酸黄瓜、酸白菜、酸红豆、酸奶油、酸牛奶、酸包菜、乳酸品等。

除使用以上"甜、酸、甜酸、酸甜"味配料和"咸鲜"味调味品外,由于不同菜肴的风味所需,还常选用适量的葱、姜、蒜、干辣椒、料酒、米酒、玫瑰露酒、香雪酒、醪糟汁、胡椒粉、花椒粉、辣酱油、腐乳、鱼露、香油、花生油、熟鸡油、色拉油、酱油、糖色、红曲米汁、菠菜汁、碳酸、凝固剂以及少许的食黄、食红等食用色素等辅助调料。

>>酸甜味分类

在酸甜味中，从口味上讲，其酸味要大于甜味。但在使用当中，酸味大于甜味的幅度，以及甜酸味的大小，其比例状况是有所差异的，其中的变化要根据各地区菜肴的不同风味而定。主要可分为四种类型：

酸味大于甜味的酸甜味，如广东菜"番茄鱼片"等。

甜味大于酸味的甜酸味，如北方菜的"樱桃鱼"等。

酸甜两味对等的，也就是酸甜适中的，如北方菜的"糖醋鱼"等。

在酸甜味中含有辣酱油的芳香气味，如广东菜的"咕咾肉"等。

根据酸甜口味的大小也可分为清甜酸型和浓甜酸型两类。

清甜酸型的口味特点主要体现：甜酸清纯，咸鲜爽口。

浓甜酸型的口味特点主要体现：甜酸浓厚，咸鲜适口。

>>调出正宗的酸甜味

酸甜味的调味料主要有盐、白酱油、白糖、醋、葱、姜、蒜、味精、香油等。最重要的是掌握糖、醋、盐三种调味品之间的比例关系，如果比例失调，就会感到味道不正宗。

在糖的使用当中需注意，饴糖主要用于原料的着色；片糖多用于甜酸味半成品"甜酸味汁"的制作。

在醋的使用上需注意，黑醋因其色黑，所制成的菜肴色泽发暗，熏醋味较重，所以用量应少；白醋，因其无色，所以在使用中，常与番茄酱、果汁、山楂糕、山楂片等相配合。

使用中，若糖与醋一同入锅加热，则醋随加热挥发较多，酸味随之减弱，成品的酸甜味较为柔和；若糖先下锅，调和勾芡后再下入醋，则醋在制作过程中挥发较少，酸味的浓度变化不大，成品的酸甜味较为浓郁。

标准的糖醋味的味觉是入口酸甜，回口咸鲜。因此，糖、醋、盐三种调味品的比例关系应为：咸味25%，糖味45%，醋25%。盐为基础味，糖和醋为主，糖的用量要大一些，突出甜味，醋的用量不宜大，以免喧宾夺主。

如使用其他调味料调制此味型时，如番茄酱等各种甜、酸性果酱、果汁类调料及糖、醋在使用上，应注意与各种甜酸及酸甜、甜、酸味配料的配合。

应注意的是，在调味中要注意盐的作用。盐既可以定位，又可以综合糖和醋的味道，形成一种鲜醇而又柔美的复合味。调味时，盐和糖在味汁中必须完全融化，醋要最后加入，因为其性能不稳定，易挥发。

>>热菜的酸甜味

一般在制作"甜酸味型"的热菜时，如炸熘类，常制好糖醋汁后加入热油搅匀，使之翻滚起泡而成为"活汁"；尤其在后下醋的情况下，此法可烹出很浓的醋香，使之香气浓郁。

需注意的是，水果类调配料多切丁等用于调味；果味速溶粉主要用于荤类原料的腌制。

【经典酱汁】

家常糖醋汁

原料：

白糖、盐、醋、香油各适量。

制作：

1. 将白糖、盐加少许水调成甜中有咸的滋味。

2. 再加入醋、香油调匀即可。

微辣糖醋汁

原料：

白糖100克，番茄酱50克，红辣椒、盐、味精、醋、酱油各适量。

制作：

1. 红辣椒洗净切末。

2. 锅中添入适量水，放入白糖、番茄酱、酱油、盐、红辣椒煮沸，加入醋、味精搅匀即可。

特点：

红润透亮，酸甜微辣，滋味浓厚。

鲁菜糖醋汁

原料：

白糖50克，醋50毫升，葱末、姜末、盐、淀粉、酱油、高汤、料酒、姜汁、香油、花生油各适量。

制作：

1. 将白糖、醋、葱末、姜末、料酒、盐、酱油、高汤、姜汁、淀粉调成汁。

2. 炒锅注油烧热，倒入汁煮沸，淋入香油即成。

粤菜糖醋汁

原料:

白糖50克,醋50毫升,番茄酱25克,蒜泥、盐、淀粉、蚝油、辣酱油、色拉油各适量。

制作:

1.将白糖、醋、番茄酱、蒜泥、盐、淀粉、辣酱油调成汁。

2.炒锅注油烧热,倒入汁煮沸,淋入蚝油即成。

淮扬菜糖醋汁

原料:

白糖75克,醋50毫升,葱花、姜末、蒜泥、盐、淀粉、鸡汤、红辣椒油、色拉油各适量。

制作:

1.将白糖、醋、葱花、姜末、蒜泥、盐、淀粉、鸡汤调成汁。

2.炒锅注油烧热,倒入汁煮沸,淋入红辣椒油即成。

糖醋酱

原料:

番茄酱100克,葱、姜、蒜各25克,盐、淀粉、味精、白糖、酱油、果醋、色拉油各适量。

制作:

1.葱洗净切段,姜洗净切片,蒜去皮捣成泥。

2.炒锅注油烧热,下入葱段、姜片炒香,加入番茄酱、酱油、白糖、盐、淀粉搅匀烧沸,再加入果醋、蒜泥、味精搅匀即可。

特点:

色泽红润,酸甜可口。

【经典菜肴】

糖醋排骨

原料：

猪排骨500克，葱末、姜末、酱油、盐、微辣糖醋汁、花生油各适量。

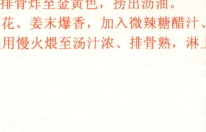

制作：

1. 将排骨洗净剁成段，下入开水锅中焯片刻，捞出加入盐、酱油腌入味。

2. 炒锅注油烧至六成热，下入排骨炸至金黄色，捞出沥油。

3. 炒锅留少许油烧热，下入葱花、姜末爆香，加入微辣糖醋汁、适量水，倒入排骨，大火烧开后改用慢火煨至汤汁浓、排骨熟，淋上熟油，出锅即可。

特点：

色泽红亮，酸甜可口。

糖醋肉丸

原料：

猪肉泥300克，鸡蛋1个，葱头、芹菜、味精、盐、胡椒粉、淀粉、番茄酱、米酒、家常糖醋汁、色拉油各适量。

制作：

1. 葱头、芹菜切末，猪肉剁成泥。

2. 炒锅注油烧热，下入葱头、芹菜炒至色金黄后取出，加入猪肉泥、鸡蛋液、味精、盐、淀粉、胡椒粉、米酒搅拌均匀，制成丸子。

3. 炒锅注油烧热，下入丸子炸至色金黄，捞出沥油，浇入加热后的家常糖醋汁即可。

糖醋藕片

原料:

藕250克，盐、淀粉、微辣糖醋汁、色拉油各适量。

制作:

1. 藕去皮洗净切厚片，下入开水锅中焯熟，捞出过凉沥干。

2. 炒锅注油烧热，放入藕片，烹入微辣糖醋汁、适量水，炒至汤汁浓厚即可。

特点:

酸甜脆嫩，洁白悦目。

糖醋鲤鱼

原料:

净鲤鱼1条，葱末、姜末、蒜末、鲁菜糖
醋汁、清汤、水淀粉、花生油各适量。

制作:

1. 在鱼身两侧各划几刀，加盐略腌，裹匀淀粉。

2. 炒锅注油烧至七成热，下入鲤鱼炸至金黄色，捞出沥油装入盘。

3. 炒锅留底油烧至六成热，下入葱末、姜末、蒜末、鲁菜糖醋汁，添入适量清汤烧沸，勾芡，迅速浇在鱼身上即可。

糖醋肉

原料:

猪五花肉250克，鸡蛋1个，淀粉、盐、鲁菜糖醋
汁、色拉油各适量。

制作:

1. 猪肉洗净切小块，加淀粉、鸡蛋液、盐上浆。

2. 炒锅注油烧至六成热，下入肉块炸至金黄色，捞出沥油。

3. 炒锅留底油烧热，下入肉块，加入鲁菜糖醋汁炒匀即可。

樱桃肉

原料:

猪肉300克，淀粉、盐、鸡蛋液、鲁菜糖醋汁、色拉油各适量。

制作:

1. 猪肉洗净切丁，加淀粉、鸡蛋液、盐上浆。

2. 炒锅注油烧至九成热，下入肉丁炸至金黄色，捞出沥油。

3. 炒锅留底油烧热，烹入鲁菜糖醋汁略烧，放入肉丁裹匀汤汁即可。

糖醋咕咾肉

原料:

猪五花肉400克，葱白、蒜末、青椒、红椒、盐、淀粉、粤菜糖醋汁、色拉油各适量。

制作:

1. 肉切片，加入盐、淀粉上浆；青椒、红椒切片，葱白切段。

2. 炒锅注油烧至五成热，下入肉片滑油，捞出；油烧至七成热，下入肉片复炸，捞出沥油。

3. 炒锅留底油烧热，下入蒜末、葱段、青椒片、红椒片煸香，烹入粤菜糖醋汁烧开，勾芡，放入肉片裹匀汤汁即可。

糖醋鱼块

原料:

净草鱼1条，鸡蛋1个，姜丝、淀粉、盐、粤菜糖醋汁、料酒、色拉油各适量。

制作:

1. 草鱼去骨取肉切片，加料酒、鸡蛋液、淀粉上浆。

2. 炒锅注油烧至七成热，下入鱼片滑熟，捞出沥油。

3. 炒锅留底油烧热，下入姜丝煸香，烹入粤菜糖醋汁，勾芡，熬至汁浓，下入鱼块炒匀即可。

松鼠鱼

原料：

净鲤鱼1条，虾仁、冬笋、香菇、豌豆、葱花、蒜末、十三香、盐、淀粉、料酒、淮扬菜糖醋汁、香油、色拉油各适量。

制作：

1. 净鲤鱼去鳞、鳃、内脏，鱼肉上切麦穗花刀，加盐、料酒略掩，裹匀淀粉；虾仁、豌豆洗净，冬笋、香菇洗净切片。
2. 炒锅注油烧至五成热，将鱼片翘起尾部翻卷成松鼠形下入油锅，炸至色金黄捞出，待油温升至七成热，下入复炸，捞出沥油。
3. 炒锅留底油烧热，下入葱、蒜、十三香炒香，放入虾仁、冬笋、香菇、豌豆炒熟，烹入淮扬菜糖醋汁炒匀，淋入香油，浇在鱼片上即成。

酱 香 味

【概述】

酱香味是中餐、西餐调味以及日韩等国常用的味型，广泛用于各种热菜。"酱香味型"是中式调味中极富魅力的一种味型。"酱"的食用历史悠久，以山东地区为核心，在我国北方地区广泛使用，以炒、烧、焖、蘸等方法，用于以家禽、家畜、水产、豆制品、蔬菜等为原料的菜肴。

>>酱香味的来源

"酱香味"主要来源于各种酱香味调味品，如：豆酱、豆瓣酱、黄豆酱、日本大酱、面酱、甜面酱、柱侯酱、海鲜酱以及各种酱粉等；"咸鲜味"主要来源于盐、酱油、味精、各种鲜汤等。

此味型在使用当中，由于不同菜肴的风味所需，除上述酱香味调味品和咸鲜味调味品外，还常用料酒、胡椒粉、葱、姜、蒜、花椒、白糖、糖色、香油、色拉油以及少量的香醋、葱油、姜油、葱椒泥等辅味调料；在西餐中，还常用味醂。

提示：

酱香味最常用调料是甜酱、酱油、盐、白糖、味精、香油。

>>酱香味的分类

由于地区的不同，在菜肴中所体现的酱香浓度也有所差异。酱香味可分为淡酱香型和浓酱香型两类。淡酱香型口味特点主要体现为酱香爽口，咸鲜适中；浓酱香型口味特点主要体现为酱香浓郁，咸鲜回甜。由于不同菜肴风味所需，或咸鲜带甜，或甜咸醇厚。

>>调出正宗的酱香味

在制作酱香味菜肴时，要调出甜香带咸、鲜醇厚重的滋味，甜酱是关键。

现在所用的甜面酱多甜而不香，而黄酱则多香而不甜，因此，在炒制黄酱时，需加入适量的白糖、香油，这样可使炒好的酱即香又甜。由于黄酱中含有黄豆瓣，注意应将其搅细后使用。

要注意选择色泽、味道好的酱。一般来说酱色深、较稠，需以鲜汤和香油稀释，且在调味时少加上色调料；如色较浅，在调味中就应多加上色调料（如

酱油、糖色）；如酱的酸味较重，则应在调味中适量加入白糖等。

盐与酱油的用量要合适。糖要起中和作用，协调咸味、甜味，在用量上不宜过多，以咸中略有甜味为好。

>>做好酱香菜

　　酱香味多用于热菜中的炒菜、爆菜、烧菜等。在制作此味型的菜肴时，由于风味的不同，在其制法上也有所不同。一般"小酱香型"的菜肴，多将调料与原料拌匀腌好后蒸制或爆制而成；"大酱香型"的菜肴，多"飞酱"后，下入主料、配料等烧、焖。

　　所谓"飞酱"就是将酱炒熟而透出香味后，再下主料进行烧（炒）。这就要求在炒酱时，锅要干净，注意掌握炒酱的火候，以文火将酱炒透。火切忌大，否则易煳，造成酱色发黑、有苦味和生酱味；另外，火也不宜过小，否则酱受热不够，不易炒透出香，有生酱味。炒好的酱，其味香、色深红。

　　在炒酱时要加入其他调料，以文火用手勺搅炒至水分将尽起小泡、出酱香、且酱刚好不易粘手勺时，即为炒透，此时下入主料。

　　炒菜是将原料炒至断生，迅速加入甜酱、料酒、酱油炒香，再加入少许白糖、味精炒匀起锅。

　　烧菜是用小火将甜酱炒香，然后加入鲜汤、料酒等调料，放入原料烧入味；还可以按照菜肴的风味和需要，加入葱、姜、胡椒粉调味；也可以勾芡，但勾芡不要过浓；出锅时，要用香油增香。

【经典酱汁】

酱爆汁

酱爆汁是以酱的香味为主味调出的新口味，常用于山东菜的烹制，也称酱爆味型。

原料：

黄酱50克，姜汁、葱花、白糖、酱油、花生油各适量。

制作：

1.将黄酱、酱油、姜汁调成酱汁。

2.炒锅注油烧热，下入葱花、酱汁炒至浓稠，加入白糖即可。

特点：

酱香浓郁，甜咸微辣。

京式甜面酱

配方一

原料：

甜面酱100克，酱油25毫升，白糖、色拉油各适量。

制作：

1.将甜面酱加入酱油、白糖、适量水搅匀。

2.炒锅注油烧至五成热，下入甜面酱炒至翻泡出香，滴入香油炒匀即成。

特点：

酱香浓郁，甜咸醇厚。

配方二

原料：

甜面酱100克，白糖、香油各适量。

制作：

1.将甜面酱加白糖、香油搅匀。

2.上笼蒸透即成。

特点：
质细腻，色红亮，味甜香。

鲁式老虎酱

原料：
甜面酱50克，蒜泥、味精、香油各适量。
制作：
将蒜泥加入甜面酱、香油调匀即成。

沪式蒜泥甜酱

原料：
甜面酱50克，蒜泥、白糖各适量。
制作：
1. 锅中放入甜面酱、白糖，添入适量水，文火熬香成稀酱。
2. 加入蒜泥即成。

滇式甜酱汁

原料：
黄酱100克，红糖50克，桂皮、八角、草果、茴香、甘草、饴糖各适量。

制作：
1. 黄酱剁细泥。
2. 锅中添入适量水，放入黄酱、桂皮、八角、草果、茴香、甘草、饴糖，文火熬至浓稠，过滤即成。
特点：
酱香浓郁，咸鲜带甜。

日式田乐酱

原料：
日本黄酱75克，生蛋黄、白糖、味醂、清酒各适量。

制作:

将日本黄酱、生蛋黄、白糖、味醂、清酒搅匀即成。

特点:

酱香浓郁,咸鲜带甜。

【示范料理】

酱爆鸡丁

原料:

鸡脯肉300克,黄瓜50克,鸡蛋1个,盐、淀粉、高汤、酱爆汁、料酒、香油、色拉油各适量。

制作:

1.将鸡脯肉洗净切丁,加盐、料酒略腌,用蛋白、淀粉上浆;黄瓜切丁。

2.炒锅注油烧至四成热,下入鸡丁滑至六成熟,加入黄瓜丁略炸,捞出沥油。

3.炒锅留底油烧热,添入高汤、酱爆汁烧开,勾芡,放入鸡丁、黄瓜丁,裹匀酱汁,滴入香油即可。

特点:

酱香味浓,滑嫩爽口。

提示:

鸡丁要滑嫩,不能炸老了。

酱爆牛肉

原料:

牛里脊肉200克,蒜苗50克,葱、姜、红辣椒、盐、胡椒粉、淀粉、豆瓣酱、酱爆汁、香油、花生油各适量。

制作:

1.将牛里脊肉切片,加盐、淀粉上浆;葱、姜、红辣椒切小片,蒜苗切长段；酱爆汁中加入适量胡椒粉、淀粉调成芡汁。

2.炒锅注油烧至七成热，下入肉片炸至变色，捞出沥油。

3.炒锅留底油烧热，下入豆瓣酱炒香，放入葱、姜、红辣椒、牛肉片翻炒，烹入芡汁，加入蒜苗炒匀，淋入香油即可。

酱炒木樨肉

原料：

猪五花肉150克，鸡蛋3个，木耳、干黄花菜、菠菜各50克，京式甜面酱、盐、色拉油各适量。

制作：

1.猪肉切成丝；木耳、黄花菜、菠菜洗净，下入开水锅中焯一下，捞出沥干；鸡蛋打散。

2.炒锅注油烧至六成热，下入鸡蛋炒熟取出。

3.炒锅注油烧至六成热，下入肉丝略炒，加入京式甜面酱炒熟，放入鸡蛋、黄花菜、菠菜、木耳翻炒几下即成。

特点：

色悦目，味鲜美，质脆嫩。

糖酱鸡块

原料：

净鸡1/2只，核桃25克，葱段、姜片、盐、白糖、沪式蒜泥甜酱、酱油、料酒、清汤、花椒油、花生油各适量。

制作：

1.鸡洗净切块，加盐、料酒、酱油、葱段、姜片腌渍；核桃仁洗净切小块。

2.炒锅注油烧至八成热，下入鸡块滑油，捞出沥油。

3.炒锅留底油烧热，下入白糖炒至变色，放入沪式蒜泥甜酱、鸡块炒匀，添入适量清汤烧开，撇去浮沫，小火煨熟，淋入花椒油，撒入核桃仁即成。

鱼 香 味

【概述】

鱼香味是川菜厨师创造的一种传统口味，是川菜特有的味型之一。之所以称为"鱼香"是因为其调味料取自烹鱼的调味料，后来，这一味型经过四川厨师不断地改进与创新，发展成为川菜经典味型之一，风靡全国。鱼香味广泛用于冷、热菜式，适合以家禽、家畜、水产、禽蛋、蔬菜、豆类、海藻等为原料的菜肴。鱼香味特点为：咸、鲜、甜、酸、微辣，葱、姜、蒜香味浓郁，成菜色泽红亮，甜酸适口。

>>鱼香味的配料

鱼香味主要来源于各种辣、酸、甜、酸甜、甜酸、咸、鲜类调配料。主要的调配料有盐、白糖、味精、高汤、酱油、醋、葱、姜、蒜、泡椒、香油。其中，盐是底味，确定菜肴的基础咸味；味精和高汤可以提升鱼香汁的鲜味；白糖和醋调和成荔枝味，酸甜适口，增进食欲；酱油提色增鲜香；葱、姜、蒜可以去异提香；泡椒能为鱼香汁增加特有的香气和味道，是鱼香味型中必不可少的配料之一；香油增香。有些地方在制作鱼香味型的菜肴时还加入豆瓣、红油等调料。

常用的各种辛辣调味品有：四川泡红辣椒酱、郫县豆瓣酱、蒜末辣酱、豆瓣辣酱、红辣椒粉、干辣椒、大葱、葱头、鲜姜、大蒜等。

常用的各种酸味调配料有：香醋、白醋、醋精、柠檬酸等各种酸性调料，鲜柠檬、鲜石榴籽、红石榴汁、红果、酸梅、番茄、番茄酱、番茄少司等各种酸性水果、果汁及果酱，以及酸黄瓜、酸白菜等自然发酵的酸泡菜，酸奶油、酸牛奶、芝士粉等自然发酵的乳酸品等。

常用的各种酸甜、甜酸调配料有：柑橘、酸性苹果、梨、菠萝、橘汁、葡萄汁、红果酱、山楂片、山楂糕、梅膏酱等各种酸甜、甜酸性水果，果汁、果酱以及各种酸甜、甜酸性蜜饯果脯、水果罐头等。

常用的各种甜味调配料有：绵白糖、白糖、片糖、蜜类、红糖及各种甜性瓜果、果汁、果酱、蜜饯果脯、水果罐头等。

常用的各种咸、鲜味调味品有：精盐、味精、各种鲜汤等。

此味型在使用当中，除以上各类调料、配料进行组合调味外，还常酌情选用酱油、红菜头、料酒、玫瑰露酒、醪糟汁、白酒、辣酱油、胡椒粉、熟鸡油、花生油及芹菜、胡萝卜、青椒、香菜等各种辅味调料和配料。

>>调出正宗的鱼香味

鱼香味型的调制相对比较繁琐，其调料的组合一般为：泡红辣椒酱、葱粒、姜末、蒜末、料酒、白糖、香醋、酱油、味精、鲜汤。因使用的调味料较多，味咸、鲜、酸、甜、香、辣，各味需协调，甜酸要适中，否则达不到最佳口感。鱼香味在调制过程中，要注意以下几点：

1. 必须有泡红辣椒，否则无法调出正宗的鱼香味。

2. 糖和醋的用量不能过多，也不宜过少，以免影响口味。糖与醋的比例一般为3:2，白糖比白醋的比例一般为3:1，最多不宜超过2:1。

3. 先下泡红辣椒，再下葱、姜、蒜和醋。葱、姜、蒜也是主要

调味品，主要起去异味、增香味的作用，所以在用量上要掌握好比例，一般情况下，葱、蒜、姜用于热菜时的比例为4:3:2。用于冷菜时的比例为3:3:1。

4.各调料之间的比例要掌握好。一般以姜1、蒜2、泡红辣椒3、葱4、盐1、糖3、醋2、味精0.1为宜。

>>鱼香味菜肴的调制

鱼香味型的菜肴分为冷菜和热菜。

冷菜，一般是先在容器中依次加入盐、酱油、味精、高汤、白糖、醋，调和成具有甜酸口感的荔枝味后，再加入剁细的泡椒、姜蒜泥、葱花、红油、香油，淋在菜肴上即可。

制作时应注意：泡红辣椒需要提前加热，其他调料一般不用下锅加热，可以直接拌制而成。使用葱、姜、蒜最好剁成末，也可用家用搅拌机打碎。在醋的用量上要略少于热菜中的用量，可酌情另加少许盐，使其"底味"略重于热菜。

热菜制作过程中，高温会对鱼香汁的风味产生一定影响，因此调制和制作方法也不同于冷菜。以鱼香肉丝为例，是先将盐、酱油、味精、高汤、白糖、醋、红油、香油放入容器中，调制成鱼香基础调味汁，将主料（肉丝）码味后下锅炒散，加入泡椒炒至油色红亮，再加入姜蒜末炒香，最后加入辅料（木耳、青笋等）翻炒，起锅前烹入鱼香调味汁和葱花炒匀，装盘即成。

提示：

泡红辣椒是四川地区鱼香味的主要来源，在用量上一定要足才能达到"浓鱼香型"的特点；但泡红辣椒酱的咸度较大，所以在用量上一定要做到恰到好处。在该味型菜肴的制作中，可不加或少加盐，并慎加其他咸味调料。

另外，泡红辣椒属泡菜，故含有一定的酸度，在烹调时，应注意将泡椒酱炒透，待香味、红油已出时，再下入其他调料。可使用泡红辣椒酱直接参与调味。

【经典酱汁】

经典鱼香汁

原料：

泡红辣椒25克，葱花、姜末、蒜末、盐、糖、胡椒粉、淀粉、酱油、醋、料酒、香油、花生油各适量。

制作：

1.泡红辣椒切末，加盐、糖、胡椒粉、淀粉、酱油、醋、料酒调匀。

2.炒锅注油烧热，下入葱花、姜末、蒜末炸香，烹入调味汁，勾芡，淋入香油即可。

凉菜鱼香汁

原料：

油酥泡红辣椒末25克，葱花、葱末、姜末、蒜泥、盐、白糖、味精、芝麻酱、花生酱、酱油、醋、香油、红油各适量。

制作：

1.将芝麻酱、花生酱加香油、适量水调开，再加入泡红辣椒末、姜末、蒜泥、盐、白糖、醋、酱油调匀。

2.最后加入葱末、味精、红油拌匀，撒入葱花即可。

特点：

色泽红亮，咸甜酸辣，葱姜味浓。

炒菜鱼香汁

原料：

泡红辣椒末25克，葱花、姜末、蒜末、盐、白糖、淀粉、味精、酱油、醋、料酒、鲜汤、色拉油各适量。

制作：

1.将盐、白糖、酱油、醋、料酒、味精、淀粉、鲜汤调成汁。

2.炒锅注油烧热，下入泡红辣椒末炒香，再下入姜末、蒜末翻炒，烹入味汁，撒入葱花，收汁起锅即成。

面点鱼香汁

原料：

油酥泡红辣椒末50克，姜末、蒜泥、葱花各25克，盐、白糖、味精、芝麻酱、酱油、醋、香油、红油各适量。

制作：

1.芝麻酱加香油、适量水调匀。

2.再加入油酥泡红辣椒末、姜末、蒜泥、盐、白糖、酱油、醋、红油和葱花调匀即成。

特点：

色泽红亮，鱼香浓郁。

【示范料理】

鱼香凤爪

原料：

净鸡爪250克，葱、姜各25克，料酒、泡椒、盐、料酒、淀粉、凉菜鱼香汁、清汤、香油、花生油各适量。

制作：

1.葱、姜洗净切末；鸡爪洗净斩段，加葱末、姜末、盐、料酒腌渍30分钟。

2.炒锅注油烧至六成热，下入鸡爪滑油，捞出沥油，入蒸笼蒸熟，晾凉备用。

3.炒锅注油烧热，烹入凉菜鱼香汁，勾芡，浇入鸡爪中即可。

鱼香青豆

原料：

青豆200克，淀粉、凉菜鱼香汁、色拉油各适量。

制作：

1.青豆洗净蒸熟。

2.炒锅注油烧至五成热,烹入凉菜鱼香汁炒香,放入青豆炒入味即成。

特点:
色泽红亮,鱼香味浓。

鱼香肉丝

原料:
猪瘦肉250克,嫩笋丝100克,鸡蛋1个,盐、淀粉、胡椒粉、郫县豆瓣酱、炒菜鱼香汁、料酒、香油各适量。

制作:
1.猪瘦肉切丝,加料酒、盐、鸡蛋液、淀粉上浆。
2.炒锅注油烧热,下入肉丝滑散,捞出沥油。
3.炒锅留底油烧热,下入葱花、姜末、豆瓣酱煸香,放入笋丝、肉丝,烹入炒菜鱼香汁迅速翻炒,勾芡,撒入胡椒粉,滴入香油即成。

鱼香肝片

原料:
猪肝250克,葱末、姜末、蒜末、盐、白糖、辣椒粉、淀粉、炒菜鱼香汁、酱油、料酒、色拉油各适量。

制作:
1.猪肝切片,加淀粉、盐、料酒上浆。
2.炒锅注油烧热,下入姜末、蒜末、葱末爆香,放入肝片略炒,烹入炒菜鱼香汁炒熟,勾芡即可。

鱼香熘鲜贝

原料:
鲜贝200克,荸荠50克,葱花、蒜末、姜末、辣椒、盐、淀粉、炒菜鱼香汁、蛋清、辣椒酱、香油、色拉油各适量。

制作：

1.鲜贝洗净，加蛋清、淀粉、盐上浆；荸荠去皮剁成末，辣椒去籽切末。

2.炒锅注油烧热，下入鲜贝滑熟，捞出沥油。

3.炒锅留底油烧热，下入荸荠末、姜末、蒜末、辣椒末、葱花及辣椒酱爆香，加入鲜贝，烹入炒菜鱼香汁炒匀即成。

特点：

色泽红亮，滑软可口。

【鱼香鸡丝面】

原料：

鸡胸肉200克，挂面150克，冬笋50克，豆瓣酱25克，葱末、姜末、蒜末、面点鱼香汁、料酒、淀粉、色拉油各适量。

制作：

1.鸡肉洗净切丝，加料酒、淀粉上浆。

2.冬笋切丝，下入开水锅中焯熟，捞出沥干。

3.豆瓣酱剁细；挂面下入开水锅中煮熟，捞出过凉沥干。

4.炒锅注油烧至四成热，下入鸡丝滑散，捞出沥油。

5.炒锅留底油烧热，下入豆瓣酱炒出油，再下入葱末、姜末、蒜末炒香。

6.加入鸡丝、冬笋丝，烹入面点鱼香汁炒匀，出锅浇在面条上即可。

提示：

在滑油时油温要低，待鸡丝散开、发白时立即捞出。

甜 辣 味

【概述】

甜辣味是中餐、西餐调味中广泛使用的一种味型，在我国南方、北方地区，广泛用于冷、热菜式，尤其适宜以家禽、家畜、水产、野味、豆制品、蔬菜等为原料的菜肴。其口味特点主要体现为甜辣并重，咸鲜醇厚。辣味有开胃、助消化的作用，而甜味又有缓和辣味的作用，所以二者的搭配非常合适。

>>甜辣味的配料

"甜"、"辣"味主要来源于各种甜味、辣味调味品。甜味调味品主要有白糖、白糖粉、绵白糖、白冰糖、红冰糖、红糖、糖稀、饴糖、片糖、普通蜂蜜、枣花蜜、槐花蜜，玫瑰酱、桂花酱等各种糖类、蜜类；葡萄干、香蕉干等各种甜性果干；蜜饯橘皮、蜜饯柠檬皮、糖渍橘皮、瓜条、蜜枣、苹果脯、桃脯等各种甜性蜜饯果脯；西瓜、哈密瓜、香蕉、黑李子、苹果酱、甜豆沙、枣泥、莲蓉、秋梨汁、芒果汁、木瓜汁、甘蔗汁、蜜桃罐头、樱桃罐头及甜菜叶等各种甜性瓜果、果酱、甜泥、果汁、水果罐头、蔬菜等。辣味调味品主要有干辣椒、煳辣油、红辣椒粉、红油辣椒、青尖辣椒、红尖辣椒、郫县豆瓣酱、元红豆瓣酱、蒜末辣酱、四川泡红辣椒等。

咸鲜味主要来源于盐、味精及各种鲜汤等。

除使用以上甜辣味调味品和咸鲜味调味品外，由于不同菜肴的风味所需，还常选用葱、姜、蒜、胡椒、料酒、米酒、白酒、醪糟汁、糖色、红曲、花生油、熟鸡油、香油等辅味调料。

>>调出正宗甜辣味

在调制甜辣味时，要注意掌握好咸、甜、辣、鲜味各种调料的用量。

在咸味调料的用量上，应以菜肴回味带咸为好，主要起到定底味的作用；在甜、辣味调料的用量上，可根据菜肴的不同风味所需，加大或减少用量，以调节甜、辣味的轻、重程度；在甜味调料的用量上，应以菜肴入口带甜为佳，但切不可用量过大，使人有腻口之感；在辣味调料的用量上，以菜肴入口带辣或微辣为宜，亦不可用量过多，使人有燥辣之感；在鲜味调料的用量上，不可过多，只起提鲜、调和诸味的作用。

在调味方法上，应先以咸味为基础，先确定好菜肴的咸、甜味，再以辣味补充；也可以先以咸味为基础，确定好菜肴的咸辣味，再以甜味补充，最后以鲜味调料提鲜。这样才能调出正宗的甜辣味。

【经典酱汁】

甜辣油

原料：
甜酱25克，辣椒酱、香油各适量。
制作：
将甜酱加入辣椒酱、香油调匀即成。

【示范料理】

甜辣牛肉串

原料：
牛肉250克，葱头100克，红尖椒50克，葱段、姜片、红油辣椒、

白糖、胡椒粉、盐、甜辣酱、料酒、香油、花生油各适量。

制作：

1. 牛肉切块，加葱段、姜片、料酒、胡椒粉、盐、白糖拌匀腌入味；葱头、红尖椒洗净切块；将腌好的牛肉块与葱头块、尖椒块用竹签间隔穿好。

2. 炒锅注油烧至六成热，下入肉串炸至金黄色，捞出，待油温升至七成热，下入复炸，捞出沥油。

3. 刷匀香油、红油辣椒、甜辣酱即可。

特点：

甜辣并重，咸鲜醇厚，色鲜红亮。

玫瑰辣牛肉瓣

原料：

牛瘦肉500克，油菜叶100克，葱段、姜片、花椒、桂皮、八角、小茴香、丁香、盐、玫瑰酱、甜辣酱、花生油各适量。

制作：

1. 牛瘦肉洗净切片，加葱段、姜片、花椒、桂皮、八角、小茴香、丁香、料酒、盐拌匀腌入味；油菜叶择洗净沥干。

2. 炒锅注油烧至五成热，下入牛肉片滑油，捞出沥油。

3. 炒锅注油烧热，下入甜辣酱炒香，再下入牛肉片，将汁收浓，加入玫瑰酱，炒至牛肉片色泽红亮即可。

特点：

咸甜微辣，鲜香醇厚，玫瑰味浓，质地酥软。

甜辣白菜

原料：

白菜500克，红干椒丝25克，姜丝、花椒、盐、甜辣酱、醋、色拉油各适量。

制作：

1.白菜切条，加盐腌渍，沥干切段；甜辣酱加醋熬成汁，晾凉后倒入白菜段中。

2.炒锅注油烧热，分别下入花椒、干椒丝略炸，制成花椒油、辣味油晾凉。

3.将干椒丝、花椒油、辣味油、姜丝放入白菜段中拌匀即可。

特点：

味辛辣，具有独特的芳香，促进食欲。

药 理 味

【概述】

我国有着悠久的药膳历史，调味品中常用的花椒、砂仁、豆蔻、大料、桂皮、茴香等，既是调味品，又是中草药，在提供各式各样美味的同时，还具有一定的药理功能。

药理味是中式调味中的特色味型，采用"药食同源"的方法合理搭配膳食，这就是常说的"药膳"。

药理味在我国各地区广泛使用，可用于冷、热菜式，用于以家禽、家畜、水产、野味、谷类、水果等为原料的菜肴，香浓纯厚，味美宜人。

>>药理味的功效

在中式调味中，人们非常注意中药内在的性味与人体健康长寿的关系。即以"中药"调料为核心，调和诸味，使之性味相符，利于人体的吸收，以起到防病、祛病、健身、益寿、保健、美容的作用，发挥滋养补益、调理盛衰的功效，从而达到滋补养生的目的。

>>药理味的配料

药理味中，产生滋补健身、调理盛衰功效的调料主要来源于红枣、桂圆、人参、党参、西洋参、黄芪、山药、灵芝、当归、百合、冬虫夏草、杜仲、鹿茸、枸杞子、何首乌、黄精等各种补气、补血、补阴、补阳、抗衰的中药及药酒。香浓醇厚的滋味主要来源于原料本身。

在使用当中，由于不同菜肴的风味所需，还常选用适量的葱、姜、蒜、红酒、酱油、糖色、红曲、盐、味精、鲜汤、胡椒粉、熟鸡油、香油、色拉油、冰糖、白糖，以及少量的醋、花椒、大料等辅味调料。

>>药理味的使用注意
◎ 了解常见中药的属性

中药有四气、五味。四气即寒热温凉四种药性，它反映了药物在影响人体阴阳盛衰、寒热变化方面的作用倾向；五味是指中药本身的滋味和疗效的标志。了解常见中药的属性，对正确搭配出药理味菜肴有重要意义。

如中药中的川芎，其味辛，性温，有活血行气、化淤通脉、祛风止痛的功效。

阿胶，其味甘，性平，有补血、止血、滋阴、润肺的功效。

五味子，其味甘、酸，性温，有益气生津、止咳定喘、涩精止泻的功效。

鹿茸，其味甘、咸，有补肾壮腰、活血散淤的功效。

续断，其味甘、苦、辛，性微温，有补肝肾、强筋骨的功效。

此外，药膳中应特别注意中药调料的选择，一定要因人而异，合理选用，这样才能收到良好的效果。

◎口味以清淡为主

在该味的烹调当中，应注意少用油脂和其他各种调味品，在调料的使用上做到点到为止，在口味上应以清淡为主。

使用其他调味品时，要注意保持中药和食物原有的自然鲜美之味。在烹调之前，对于食物中不良的气味，要选择适宜的调味品予以清除，从而使药膳味道香浓醇厚、味美宜人。

【常用中药】

当归

味甘、辛、微苦，性温，归肝、心、脾经。

[来源]

为伞形科植物当归的根。

[功效]

补血活血，调经止痛，润肠通便。

[主治]

血虚、血淤、眩晕头痛、心悸肢麻、月经不调、闭经、痛经、崩漏、结聚、虚寒腹痛、痿痹、赤痢后重、肠燥便难、跌打肿痛、痈疽疮疡等。

[宜忌]

适宜月经不调者、闭经痛经者、气血不足者、头痛头晕者、便秘者。

热盛出血者禁服，湿盛中满及大便溏泄者、孕妇慎服。

黄芪

味甘、性微温，归脾、肺经。

[来源]

为豆科植物蒙古黄芪和膜荚黄芪等的根。

[功效]

补气升阳，固表止汗，行水消肿，托毒生肌。

[主治]

内伤劳倦、神疲乏力、脾虚泄泻、肺虚喘嗽、胃虚下垂、吐血、表虚自汗、盗汗、水肿等。

[宜忌]

表实邪盛、湿阻气滞、肠胃积滞、阴虚阳亢、痈疽初起或溃后热毒尚盛者均禁服。

[食物相克]

黄芪恶白鲜皮，反藜芦，畏五灵脂、防风。

灵芝

味甘苦、性平，归心、肺、肝、脾经。

[来源]

为多孔菌科真菌灵芝或紫芝等的子实体。

[功效]

养心安神，补肺益气，滋肝健脾。

[主治]

虚劳体弱、神疲乏力、心悸失眠、头目昏晕、久咳气喘、食少纳呆等。

[宜忌]

适宜失眠多梦者、心血管病患者、慢性呼吸系统疾病患者，体质虚弱者、气血不足者、白血球减少的患者。

实症慎服。

天麻

味甘、辛，性平，归肝经。

[来源]

又名赤箭、明天麻，是兰科植物天麻的干燥块茎。

[功效]

平肝熄风，祛风止痛。

[主治]

血虚肝风内动的头痛、眩晕，亦可用于小儿惊风、癫痫、破伤风，风痰引起的眩晕、偏正头痛、肢体麻木、半身不遂。

[宜忌]

气虚甚者慎服。

[食物相克]

不可与御风草根同用，否则有肠结的危险。

田七

味甘、微苦，性温，归肺、心、肝、大肠经。

[来源]

为五加科植物三七的根。

[功效]

祛淤止血，消肿止痛。

[主治]

为止血良药，可用于治疗各种出血症、跌打瘀肿疼痛、瘀血内阻所致的胸腹及关节疼痛。

[宜忌]

孕妇慎服。

党参

味甘，性平，归脾、肺经。

[来源]

为桔梗科植物党参、素花党参（西党参）、川党参、管花党参等的根。

[功效]

健脾补肺，益气养血，生津。

[主治]

脾胃虚弱、食少便溏、倦怠乏力、肺虚喘咳、气短懒言、自汗、血虚萎黄、口渴。

[宜忌]

实症、热症禁服；正虚邪实症不宜单独应用。

[食物相克]

不宜与藜芦同用。

沙参

味甘、微苦，性微寒，归肺、胃经。

[来源]

为桔梗科植物沙参、杏叶沙参、轮叶沙参及其同属多种植物的根。

[功效]

清肺化痰、滋阴润燥、养胃生津。

[主治]

阴虚发热、肺燥干咳、肺痿痨嗽、痰中带血、喉痹咽痛、津伤口渴。

[宜忌]

风寒咳嗽者忌服。

[食物相克]

南沙参恶防己，反藜芦。

西洋参

味甘、微苦，性凉，归心、肺、肾经。

[来源]

为五加科植物西洋参的干燥根。

[功效]

益气生津，养阴清热。

用于热病伤津耗气、阴虚内热、气阴两伤等症。

[食物相克]

与藜芦相克。

[宜忌]

脾阳虚、寒湿中阻及湿热内蕴者禁服。

吴茱萸

味辛、苦，性热；有小毒，归肝、脾、胃、肾经。

[来源]

为芸香科植物吴茱萸、石虎及毛脉吴茱萸未成熟的果实。

[功效]

散寒止痛，降逆止呕，助阳止泻。

[主治]

头痛、疝痛、脚气、痛经、脘腹胀痛、呕吐吞酸、口疮。

[宜忌]

阴虚火旺者禁服。

巴戟天

味辛、甘，性微温，归肝、肾经。

[来源]

为茜草科植物巴戟天的根。

[功效]

补肾阳，强筋骨，祛风湿。

[主治]

肾虚阳痿、遗精滑泄、小腹冷痛、遗尿失禁、宫寒不孕、腰膝酸痛、风寒湿痹、风湿脚气。

[宜忌]

适宜身体虚弱、精力差、免疫力低下、易生病者。

凡火旺泄精、阴虚水乏、小便不利、口舌干燥者皆禁用。

[食物相克]

恶雷丸、丹参，因药性相反。

川贝母

味苦、甘，性微寒，归肺、心经。

[来源]

为百合科植物川贝母、暗紫贝母、梭砂贝母或甘肃贝母等的鳞茎。

[功效]

清热化痰，润肺止咳，散结消肿。

[主治]

虚劳久咳、肺热燥咳、肺痈吐脓、瘰疬结核、乳痈、疮肿。

[宜忌]

脾胃虚寒及寒痰、湿痰者慎服。

【示范料理】

何首乌烧鸡

原料：

鸡腿200克，何首乌25克，当归、枸杞子、葱段、姜片、白糖、盐、胡椒粉、糖色、料酒、酱油、鸡汤、色拉油各适量。

制作：

1.鸡腿洗净切块，下入开水锅中焯片刻，捞出沥干；何首乌、当归、枸杞子洗净泡发。

2.炒锅注油烧至六成热，下入葱段、姜片煸香，放入鸡块，烹入料酒、鸡汤烧开，撇去浮沫。

3.加入酱油、糖色、白糖、盐、胡椒粉、何首乌、当归和浸泡原汁烧开，转小火炖熟，拣去葱段、姜片，撒入枸杞，旺火将汁收浓即成。

特点：

滋补肝肾，香浓醇厚。

提示：

当归药味甚重，不宜多用。

陈皮草果乌鸡汤

原料：

雄乌鸡1只，草果2枚，胡椒、陈皮、良姜、葱段、醋各适量。

制作：

1. 将乌鸡处理干净，切块。

2. 锅中放入乌鸡块、清水、陈皮、良姜、胡椒、草果、葱段、醋，文火炖烂即可。

特点： 温中健脾，益气补血，对气血虚弱、偏于虚寒之痛经有疗效。阴虚血热之月经提前者忌服。

杜仲党参煲乳鸽

原料： 净乳鸽1只，杜仲25克，北芪、党参各15克，老姜、盐各适量。

制作：

1. 将乳鸽用开水焯烫后备用。

2. 杜仲、北芪、党参洗净，姜切片。

3. 将所备原料放入开水锅中，慢火煲约3小时，加盐调味即可。

特点：

补肾壮阳，强健筋骨。

阿胶粥

原料：

糯米100克，阿胶、桑白皮各15克，糖适量。

制作：

1. 将阿胶捣碎。

2. 桑白皮洗净，放入砂锅内，添水煮沸20分钟，倒出药汁，再添水煮一次，取汁。

3. 将糯米、清水放入锅中，煮成粥，倒入药汁，加入阿胶、糖稍煮，搅匀即成。

特点：

养血滋阴，润燥清肺，对虚劳咳嗽、肺损咯血有一定疗效。

第三章

世界的滋味

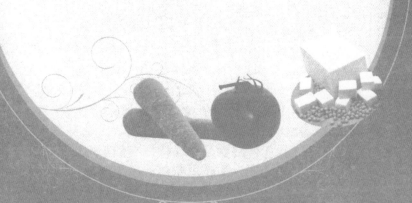

中国滋味

关于中式调料

　　中华饮食文化历来讲究色、香、味，讲究餐饮的形式，对调味品的制造和使用研究更是历史久远，形成了独特的体系。传统的调味品常常是粮食自然发酵生产的。在发酵的过程中，吸收了自然界中的多种菌种共同发酵，产品口味丰富、香味浓郁。

>>历史悠久的中式调味品

　　根据《吕氏春秋·本味》记载，早在周代就有酱和醋等调味品了。孔子在《论语》中也提到"不得其酱不食"的说法，可见当时对调味品的食用已有相当的认识，而且还根据季节的不同，总结了"春多馥、夏多苦、秋多辛、冬多咸"的使用调味品的规律。

>>中式调料的"本味"与"变味"

　　中式调料在调味中重视"味"，在烹饪中要达到"本味"与"变味"之间的矛盾统一。中国传统的思想意识特别注重"本"，在饮食界里更注重一个"本味"与"变味"。"本味"并非指菜肴不需调和加味，而是指加味后仍能保持其原本之味。"变味"即"五味调和"，这可称之为中国饮食文化核心，是指调味时全力治之。调味后的鸡、鸭、鱼、猪肉仍能保持其"本味"，其调料之味色未掩盖"本味"，这就是在保持原味的基础上的"变味"。

　　"变味"的作用是每一道菜肴的核心，比如，腥膻味浓的原料加调料后可解除其异味的存在，使之更加鲜美，同时不失本味，这就是"变味"的作用。

最具代表性的中式调味料和菜肴

【豉香汁】—— 豆豉鱼、豉汁鸡块、豉椒炒牛肉

豉香汁

原料：

豆豉100克，酱油25克，花生酱、白糖、味精、香油、色拉油各适量。

制作：

1.豆豉剁成末。

2.炒锅注油烧至四成热，下入豆豉炒香。

3.加入酱油、花生酱、白糖、味精搅匀，最后淋上香油即可。

特点：

豆豉香浓，咸鲜微甜，用于凉拌菜、冷荤。

豉汁

豉汁是以豆豉特有的鲜美本味，加入其他调味品调出的味型。

原料：

豆豉50克，葱花、姜末、蒜泥、白糖、味精、生抽、老抽、香油、花生油各适量。

制作：

1. 炒锅注油烧热，下入葱、姜、蒜、豆豉炒香，加入生抽、老抽、白糖翻匀。

2. 出锅前撒入味精，滴入香油即成。

特点：

口味鲜咸，醇香适口。

提示：

1.生抽是提鲜的，老抽是调色的，这两种调料与豆豉混合，味道鲜美，色泽红亮。

2.生抽、老抽、豆豉中均有盐，因此无须再加盐。

3.若豆豉太干，可先用生抽调和一下再翻炒，效果更佳。

▌示范料理：豆豉鱼

原料：
净鲫鱼1条，猪肉50克，豉汁、料酒、鲜汤、色拉油各适量。

制作：
1. 鲫鱼洗净，猪肉剁成末。
2. 炒锅注油烧热，下入鲫鱼略炸，捞出沥油。
3. 炒锅留底油烧热，下入猪肉末炒散，烹入豉汁、鲜汤烧开，撇去浮沫，放入鲫鱼，转小火焖至汁浓鱼熟即可。

▌示范料理：豉汁鸡块

原料：
鸡腿2个，葱花、蒜末、辣椒、盐、豉汁、淀粉、色拉油各适量。

制作：
1. 鸡腿洗净切小块，加淀粉、盐略腌。
2. 炒锅注油烧热，下入蒜末、辣椒炒香，烹入豉汁烧开，放入鸡块翻匀。
3. 装盘入蒸笼蒸熟，撒入葱花，浇入热油即可。

▌示范料理：豉椒炒牛肉

原料：
牛肉250克，辣椒100克，葱段、姜末、豉香汁、盐、白糖、味精、淀粉、料酒、酱油、香油、花生油各适量。

制作：
1. 牛肉洗净切片，加盐、酱油、淀粉上浆；辣椒洗净，切块焯熟，捞出沥干；将盐、味精、白糖、酱油、香油、水淀粉调成味汁。
2. 炒锅注油烧至四成热，下入牛肉片滑油，捞出沥油。
3. 炒锅留底油烧热，下入姜末爆香，放入豉香汁、辣椒块、葱段、牛肉片，烹入料酒、味汁，淋入香油，炒匀即成。

【凉拌酱汁】——凉拌鸡丝、凉拌茄子

家常凉拌汁

原料：

醋50毫升，白糖25克，蒜泥、盐、味精、白糖、胡椒粉、芝麻酱、香油各适量。

制作：

1. 芝麻酱加适量温开水调匀。

2. 加入醋、白糖、盐、味精、蒜泥、胡椒粉、香油搅匀即可。

特点：

鲜咸微甜，香辣爽口，麻酱香浓。

酱香凉拌汁

原料：

酱油100克，白糖25克，葱、姜、蒜、芝麻、大料、小茴香、香叶、盐、味精、醋、香油各适量。

制作：

1. 葱、姜均洗净切末，蒜捣成泥，芝麻炒香；将大料、小茴香、香叶放入纱布中包好。

2. 锅中放入酱油、香料包，烧沸片刻，停火过滤取汁。

3. 汁中加入糖、盐、葱、姜、蒜、芝麻烧开，再加入醋、味精、香油搅匀即可。

特点：

色褐红，有酱香味和复合香料味，咸甜适口，一般用于凉菜如酱香猪肉、酱香鸡肉等。

示范料理：凉拌鸡丝

原料：

黄瓜、熟鸡肉、胡萝卜、金针菇各100克，家常凉拌汁适量。

制作：

1. 黄瓜、胡萝卜洗净切丝，加盐略腌；金针菇洗净，下入开水锅

中焯熟，捞出沥干；鸡肉撕成丝。

2.将鸡肉丝、黄瓜丝、胡萝卜丝、金针菇加入家常凉拌汁拌匀即成。

示范料理：凉拌茄子

原料：

茄子2个，酱香凉拌汁适量。

制作：

1.茄子洗净去皮切段。

2.入蒸锅蒸熟，摆入盘中凉透，淋入酱香凉拌汁拌匀即可。

【蒜蓉酱汁】——蒜蓉白肉、蒜香肚丝、蒜烩肥肠

蒜蓉汁

原料：

大蒜200克，青尖椒、花椒、盐、味精、醋、酱油、香油、色拉油各适量。

制作：

1.大蒜去皮捣成泥，青尖椒洗净沥干切末。

2.炒锅注油烧热，下入花椒炸香，制成花椒油。

3.将蒜泥、尖椒末、花椒油、盐、味精、醋、酱油、香油搅拌均匀即可。

特点：

大蒜、花椒香味浓郁，鲜辣爽口。

蒜蓉酱

原料：

大蒜200克，盐、醋、味精各适量。

制作：

1.大蒜去皮，下入加盐、醋的汁中浸泡2天。

2. 捞出蒜捣成泥，撒入味精搅拌均匀即可。

特点：

蒜香浓郁。

示范料理：蒜蓉白肉

原料：

猪五花肉200克，葱段、姜片、辣椒油、酱油、白糖、香油、蒜蓉酱各适量。

制作：

1. 猪五花肉洗净，放入加葱段、姜片的开水锅中煮熟，捞出晾凉切片。

2. 将蒜蓉酱加酱油、辣椒油、白糖、香油搅匀，淋在肉片上即成。

示范料理：蒜香肚丝

原料：

猪肚150克，大蒜、淀粉、蒜蓉汁、高汤、色拉油各适量。

制作：

1. 猪肚洗净，下入开水锅中煮熟，捞出沥干切丝；大蒜切末。

2. 炒锅注油烧热，下入蒜末炒香，放入高汤、蒜蓉汁、肚丝烧开，撇去浮沫，勾芡即成。

示范料理：蒜烩肥肠

原料：

猪肥肠300克，葱末、姜末、香菜末、蒜蓉汁、淀粉、上汤、色拉油各适量。

制作：

1. 猪肥肠洗净切段，下入开水锅中煮熟，捞出沥干。

2. 炒锅注油烧至八成热，下入葱末、姜末煸香，烹入蒜蓉汁、上汤，加入肥肠烧开，盖盖，焖至汤浓，勾芡，撒入香菜末即可。

【家常调味汁】——家常豆腐

家常调味汁

原料：

郫县豆瓣酱100克，葱、姜、盐、味精、甜面酱、酱油、醋、料酒、香油、色拉油各适量。

制作：

1.豆瓣酱、姜均剁细，葱洗净切段。

2.炒锅注油烧至六成热，放入豆瓣酱、甜面酱、葱段、姜末炒香，烹入酱油、料酒、醋，撒入盐、味精调匀即可。

特点：

香辣鲜咸，微甜，常用于热菜的烹制。

示范料理：家常豆腐

原料：

北豆腐4块，猪五花肉150克，青蒜100克，淀粉、鲜汤、家常调味汁、色拉油各适量。

制作：

1.豆腐切片，下入开水锅中焯一下，捞出沥干；猪肉切片，青蒜洗净切段。

2.炒锅注油烧热，下入豆腐煎至两面焦黄，捞出沥油。

3.炒锅留底油烧热，下入肉片炒熟，烹入家常调味汁，放入豆腐、鲜汤烧入味，撒入味精、青蒜段，勾芡即可。

【怪味汁】——怪味鸡块、怪味胡豆

怪味汁

怪味汁又称全味汁，因其包括咸、鲜、甜、辣、酸、麻、香七种口味而得名。

原料：

葱、姜、绿茶、盐、白糖、花椒粉、辣椒粉、白胡椒粉、味精、鸡精、淀粉、芝麻酱、料酒、柠檬汁、醋、高汤、蚝油各适量。

制作：

1. 葱切花，姜切片，绿茶加水泡好取汁，芝麻酱加水调稀。

2. 锅中放入绿茶汁、高汤、葱花、姜片、芝麻酱、盐、白糖、醋、柠檬汁、味精、鸡精、料酒、花椒粉、辣椒粉、白胡椒粉烧开，滴入蚝油，勾芡即可。

特点：可作为佐餐调料上桌或制作怪味类风味菜肴，口味别致，百吃不厌。

提示：

怪味调味的基本原则是：调味品种类繁多，相互配合，同时又相互衬托。

怪味汁的调配程序是：芝麻酱—咸味—甜味—酸味—鲜味—辣味—香味。

【家常怪味汁】

原料：

酱油250毫升，芝麻酱100克，白糖25克，干辣椒、葱、姜、蒜、熟芝麻、花椒粉、胡椒粉、盐、味精、醋、香油、色拉油各适量。

制作：

1. 葱、姜、蒜分别去皮切末，干辣椒切段，酱油加芝麻酱调稀。

2. 炒锅注油烧热，下入辣椒、花椒粉炸香。

3. 加入白糖、盐、葱、姜、蒜、酱油烧开，再加入辣椒油、醋、胡椒粉、味精搅匀，滴入香油，撒入芝麻即可。

示范料理：怪味鸡块

原料：

净鸡1只，葱段、姜片各50克，熟芝麻、怪味汁各适量。

制作：

1.鸡洗净剁块，下入加葱段、姜片的开水锅中煮熟，捞出沥干装盘。

2.怪味汁中撒入熟芝麻，浇在鸡块上即可。

示范料理：怪味胡豆

原料：

蚕豆400克，小葱、怪味汁各适量。

制作：

1.蚕豆去壳洗净，下入开水锅中焯熟，捞出沥干晾凉；小葱洗净切花。

2.蚕豆加怪味汁拌匀，撒入葱花即成。

特点：

甜、咸、麻、辣、鲜、香兼备，口味丰富。

【麻香汁】——
椒盐香椿鱼、麻香莲藕、麻香绿豆芽、椒盐海蚌

花椒盐

原料：

花椒、盐、色拉油各适量。

制作：

1.炒锅注油烧热，下入花椒慢火炒至颜色变黄，取出，置于搅拌机中打成细粉。

2.炒锅放入盐炒干，加入花椒粉炒匀即可。

（花椒油）

原料：

花椒、花生油各适量。

制作：

1. 炒锅注油烧热，下入花椒炸至变黑。

2. 取油即成。

特点：

油色淡黄，麻香爽口。

（花椒汁）

原料：

花椒、姜片各适量。

制作：

1. 花椒去杂质洗净。

2. 锅中添入适量水，放入花椒、姜片烧开。

3. 转小火熬约15分钟，熬出香味，将汤汁过滤即成。

示范料理：椒盐香椿鱼

原料：

嫩香椿芽、油菜叶各100克，花椒盐、盐、面粉、干淀粉、泡打粉、鸡蛋黄、花生油各适量。

制作：

1. 面粉加干淀粉、泡打粉、鸡蛋黄、少许清水调匀，略发后滴入适量花生油，调制成脆浆蛋粉糊；香椿芽洗净沥干，加盐、脆浆蛋粉糊上浆；油菜叶洗净切丝。

2. 炒锅注油烧至七成热，下入油菜叶丝迅速滑油，捞出沥油。

3. 炒锅留底油烧热，依次下入香椿芽炸酥，捞出沥油，装盘，食用时佐以花椒盐即可。

示范料理：麻香莲藕

原料：

莲藕500克，香菜叶、白糖、盐、味精、香醋、花椒油、香油各适量。

制作：

1.莲藕洗净切厚片，下入开水锅中焯片刻，捞出沥干。

2.藕片加白糖、盐、味精、香醋、花椒油、香油拌匀，腌渍20分钟，撒入香菜叶即成。

特点：

麻香爽口，咸鲜酸甜。

示范料理：麻香绿豆芽

原料：

绿豆芽500克，青椒25克，盐、味精、淀粉、醋、料酒、鲜汤、花椒油、花生油各适量。

制作：

1.绿豆芽择洗净沥干，青椒洗净切丝。

2.炒锅注油烧至八成热，放入绿豆芽、青椒丝，加入盐、味精、醋炒匀，撒入味精，勾芡，淋入花椒油即成。

示范料理：椒盐海蚌

原料：

净海蚌肉250克，油菜叶100克，鸡蛋2个，花椒盐25克，花椒汁、干淀粉、料酒、色拉油各适量。

制作：

1.鸡蛋加干淀粉、花椒汁、色拉油搅匀成蛋酥糊；海蚌肉洗净沥干切片，加入料酒略腌，裹匀蛋酥糊；油菜择洗净沥干。

2.炒锅注油烧热，下入油菜迅速滑油，捞出沥油装盘。

3.炒锅注油烧至七成热，下入蚌肉片炸至表面发酥，捞出沥油装盘，食用时佐以花椒盐即可。

中式经典调味料

>>纯正单口味

（番茄汁）

原料：

番茄酱100克，白糖50克，吉士粉、盐、色拉酱、色拉油各适量。

制作：

1. 将吉士粉加少许清水调稀。

2. 炒锅注油烧至四成热，下入番茄酱、色拉酱炒香，添入适量清水及吉士调和液，撒入适量白糖，小火烧开即可。

特点：

色泽红润，酸甜适口；可在调味料中加入葱、姜、蒜等。

（南瓜酱）

原料：

南瓜200克，白糖400克。

制作：

1. 南瓜去皮、籽、瓤切块，蒸熟，捣成泥。

2. 锅内中放入南瓜泥，撒入白糖，熬至黏稠状即可。

特点：

色泽黄润，有南瓜的清香；糖尿病人可将白糖换成木糖醇。

（番茄酱）

原料：

番茄200克，盐适量。

制作：

1. 番茄洗净，去皮、蒂，捣成泥。

2. 锅中放入番茄泥，撒入盐，熬至黏稠状即可。

胡萝卜酱

原料：

胡萝卜250克，山楂150克，白糖适量。

制作：

1.胡萝卜洗净去皮切块；山楂切瓣，去核洗净。

2.锅内添入适量水烧开，放入胡萝卜、山楂煮至熟烂，捞出置于打浆机内，加入适量水打成泥。

3.锅内放入胡萝卜山楂泥，撒入白糖，熬至浓稠即可。

特点：

颜色橙黄，酸甜可口，营养丰富。可适量添加奶制品，促进胡萝卜素的吸收。

醋酸汁

原料：

白醋200克，青辣椒、葱、盐、味精、白糖、醋、色拉油各适量。

制作：

1.青辣椒、葱分别洗净切末，白糖、盐、白醋调成味汁。

2.炒锅注油烧热，下入青辣椒末、葱末炒香。

3.烹入味汁，文火烧开后停火，加入醋、味精搅匀即可。

辣椒汁

原料：

辣酱油100克，料酒25克，干辣椒、孜然粉、花椒粉、味精、盐、香油各适量。

制作：

1.将辣酱油、料酒、醋、盐混合搅匀调成味汁，干辣椒切末。

2.炒锅注油烧至四成热，下入干辣椒炸香，烹入味汁，添入适量水烧开，勾芡，加入醋、胡椒粉、鸡精，淋入香油拌匀即成。

特点：

颜色红褐，辛辣味浓，香麻咸鲜。

生姜汁

原料：

盐、白糖、淀粉、味精、姜粉、姜油各适量。

制作：

1.锅中添入适量水，加入盐、白糖、姜粉烧开片刻，过滤取汁。

2.将过滤后的姜汁回锅加热，撒入味精，滴入姜油，勾芡，搅拌均匀即可。

特点：

颜色姜黄，姜味浓郁，有一定的黏稠度。

蜜汁

原料：

白糖200克，蜂蜜100克，淀粉、盐各
适量。

制作：

1.锅中添入适量水，放入白糖、蜂蜜、盐烧开，转小火烧至汤汁浓稠。

2.勾芡，浇在蒸熟或炸熟的主料上拌匀，或将主料倒入锅内拌匀即成。

示范料理：蜜汁山药

原料：

山药200克，枸杞子、蜜汁各适量。

制作：

1.山药去皮洗净切条，下入开水锅中焯一下，捞出沥干；枸杞洗净沥干。

2.山药入蒸笼蒸熟，取出浇入蜜汁，撒入枸杞子即可。

示范料理：蜜汁金瓜

原料：
南瓜（金瓜）200克，蜜汁适量。
制作：
1.南瓜洗净，去皮、瓤切块。
2.入蒸笼蒸熟，取出浇入蜜汁即可。

>>做菜调味

五香汁

五香汁是利用五香调料制成的五香风味调料。

原料：
葱、姜、茴香、花椒、八角、丁香、淀粉、白糖、盐各适量。
制作：
1.将花椒、八角、丁香、小茴香包成调料包；姜切片，葱切末。
2.锅中添入适量水，放入白糖、盐、调料包烧开片刻。
3.捞出调料包，去掉葱段、姜片，撒入盐，勾芡即成。
提示：
1.此汁若用于炖鸡、炖肉、炖土豆，可以将主料和调料一起下锅炖即可。
2.不论是炖鸡还是肉，一定等到炖烂后再加盐，过早加则原料不易炖烂。
3.做炖菜时不加淀粉。
4.炖菜出锅后可加少许香菜和香油。
5.也可以使用天然植物香料山奈、八角、丁香、桂皮、甘草做五香汁。

腐乳扣肉汁

原料：

腐乳250克，姜、蒜、白糖、盐、黑胡椒粉、味精、酱油、料酒、香油各适量。

制作：

1. 姜洗净切末，蒜去皮捣碎。

2. 锅中放入酱油、腐乳，边加热边搅，搅成稀糊状。

3. 加入白糖、盐、料酒、蒜、姜搅拌，文火烧至沸腾，撒入黑胡椒粉、味精，滴入香油即可。

特点：

色酱红，有一定的黏稠度，有浓郁的腐乳香味，咸中有甜，风味独特。

乳酱汁

原料：

腐乳250克，葱、姜、白糖、盐、花椒粉、味精、芥末酱、生抽、米酒、蚝油、色拉油各适量。

制作：

1. 腐乳捣碎，葱、姜分别洗净切末。

2. 炒锅注油烧至六成热，放入腐乳、葱、姜、花椒粉炒香，加入生抽、米酒、白糖、蚝油及适量水烧沸，再加入芥末酱、味精搅匀即可。

虾头调味汁

原料：

虾皮、虾头共200克，姜、盐、白糖、胡椒粉、淀粉、料酒、白醋各适量。

制作：

1. 虾皮、虾头加入适量水烧开，慢火烧至汤浓，过滤取汁；姜去皮切片。

2.锅中放入虾头汁、姜片加烧沸，撒入白糖、盐，淋入料酒，勾茨，加入白醋、胡椒粉搅匀即可。

特点：

色粉红，汁黏稠，虾味浓郁。

凉菜炝菜油

原料：

葱、花椒、味精、盐、花生油各适量。

制作：

1.葱切段。

2.炒锅注油烧热，下入葱段和花椒炸香，拣去葱段、花椒，将热油浇入主料中拌匀即可。

特点：

此油以清淡、爽口为特色，喜欢色重味浓的人，可以加入适量酱油、白糖、醋。

提示：

焯主料时，应根据不同的原料灵活掌握时间，若是鲜嫩的黄瓜、芹菜，下锅后一变色即可捞出；而耐煮的海带、毛豆等可以多煮一些时间。

示范料理：炝黄瓜

原料：

黄瓜400克，姜末、干辣椒、花椒、盐、味精、凉菜炝菜油各适量。

制作：

1.黄瓜洗净切条，加盐、姜末略腌；干辣椒切段。

2.炒锅注油烧至五成热，下入干辣椒段、花椒炒香，放入黄瓜条，撒入盐、味精炒匀，淋入凉菜炝菜油即成。

示范料理：炝芹菜

原料：

鲜芹菜200克，姜末、花椒、盐、味精、醋、凉菜炝菜油各适量。

制作：

1.芹菜择洗净切段，下入开水锅中焯一下，捞出过凉沥干。

2.将芹菜加盐、味精、醋略腌，撒入姜末，浇入凉菜炝菜油即可。

示范料理：炝海带丝

原料：

海带300克，青菜50克，葱丝、姜丝、醋、盐、凉菜炝菜油各适量。

制作：

1.海带泡发洗净切成丝，下入开水锅中焯片刻，捞出沥干，加盐、醋略腌；青菜择洗净切丝。

2.将海带丝、青菜丝加葱丝、姜丝、醋、盐拌匀，浇入凉菜炝菜油即成。

示范料理：炝苦瓜

原料：

苦瓜400克，盐、白糖、味精、醋、辣椒油、凉菜炝菜油各适量。

制作：

1.苦瓜去瓤洗净切片，下开水锅中焯一下，捞出沥干装盘，加盐、白糖、醋、味精拌匀。

2.浇入辣椒油、凉菜炝菜油即可。

特点：

苦凉爽口，鲜脆清香。

提示：

苦瓜不宜久焯，否则易失去脆爽的口感。

示范料理：炝莴笋

原料：

莴笋200克，盐、醋、凉菜炝菜油各适量。

制作：

1. 莴笋去皮切片，加盐、醋略腌，沥干。

2. 浇入凉菜炝菜油拌匀即可。

葱姜汁

原料：

骨汤250克，葱、姜、淀粉、白糖、盐、味精、料酒、色拉油各适量。

制作：

1. 葱、姜分别洗净切末。

2. 炒锅注油烧至六成热，下入葱末、姜末炒香，添入骨汤、料酒，撒入白糖、盐烧沸，勾芡，加味精调匀即可。

特点：

葱姜味浓，咸鲜入味，主要用于烹调海鲜制品。

示范料理：葱烧海参

原料：

发好的海参2只，油菜50克，葱姜汁、色拉油各适量。

制作：

1. 海参洗净切块，油菜择洗净下入加油的开水锅中焯一下，捞出沥干装盘。

2. 锅中添入适量水，加入葱姜汁、老抽，放入海参烧至汤汁浓厚，浇入盘中即可。

特点：

葱香味醇，营养丰富。

醋椒汁

原料：

鲜汤200毫升，青辣椒50克，姜、盐、淀粉、味精、醋、料酒、香油、色拉油各适量。

制作：

1.姜、青辣椒均切末。

2.炒锅注油烧热，下入姜末、青椒末炒香，加入鲜汤、料酒、盐烧开，勾芡，再加入醋、味精、香油即可。

特点：

酸辣鲜咸，清香爽口。一般用于肉菜的炒制。

示范料理：醋椒牛肉丝

原料：

牛肉300克，青椒200克，葱末、姜末、蒜末、淀粉、盐、醋、醋椒汁、色拉油各适量。

制作：

1.牛肉洗净切丝，加盐、醋、淀粉上浆；青椒洗净切丝，下入开水锅中焯一下，捞出沥干。

2.炒锅注油烧热，下入牛肉丝滑熟，捞出沥油。

3.炒锅注油烧热，下入葱末、姜末、蒜末爆香，放入牛肉、青椒，烹入醋椒汁炒匀即可。

虾酱汁

原料：

虾酱50克，花生酱25克，葱、盐、胡椒粉、味精、料酒、酱油、色拉油各适量。

制作：

1.葱去皮洗净切末，虾酱与花生酱调成混合酱。

2.炒锅注油烧至四成热，下入混合酱略炒，加入酱油、盐、葱、料酒及适量水烧沸，最后撒入胡椒粉、味精搅匀即可。

特点：

口味鲜香，虾酱味浓，一般用于热菜的烹调。用鸡汤或骨汤调味，口味更加鲜美。

【示范料理】：虾酱烧豆腐

原料：

北豆腐200克，鲜虾仁、芹菜各100克，虾酱汁、姜片、淀粉、色拉油各适量。

制作：

1.芹菜择洗净切段，下入开水锅中焯一下，捞出沥干；虾仁洗净；豆腐切小块，下入开水锅中焯烫，捞出沥干。

2.炒锅注油烧热，下入豆腐煎至两面金黄，捞出沥油。

3.炒锅留底油烧热，下入姜片爆香，放入芹菜段、虾仁略炒，烹入虾酱汁，放入豆腐块，添入适量水煮开，勾芡即可。

【示范料理】：虾酱冬瓜

原料：

冬瓜300克，蟹腿菇100克，青椒1个，姜、虾酱汁各适量。

制作：

1.蟹腿菇择洗净，沥干；冬瓜挖成小球，姜切丝；青椒洗净切块。

2.炒锅注油烧热，下入姜丝爆香，放入冬瓜球、蟹腿菇翻炒，烹入虾酱汁，再放入青椒片炒熟即成。

【宫保调味汁】

原料：

酱油200毫升，豆瓣酱75克，红辣椒粒、花椒粉、盐、白糖、味精、料酒、醋、色拉油各适量。

制作：

1.豆瓣酱剁碎。

2.炒锅注油烧至四成热，下入红辣椒粒、豆瓣酱、花椒粉炒香，放入酱油、白糖、料酒、盐烧沸，加入醋、味精搅拌均匀即可。

特点：

咸、酸、鲜、辣、麻诸味俱全。

示范料理：宫保鸡丁

原料：

鸡胸肉300克，干红辣椒50克，鸡蛋1个，炸花生米75克，葱、花椒、宫保调味汁、淀粉、色拉油各适量。

制作：

1.鸡胸肉洗净切丁，加蛋清、盐、淀粉上浆；葱切段。

2.炒锅注油烧热，下入鸡丁滑油，捞出沥油。

3.炒锅留底油烧热，下入花椒、蒜段爆香，放入鸡丁，烹入宫保调味汁，加入花生炒匀即可。

示范料理：宫保虾仁

原料：

虾仁300克，鸡蛋1个，红辣椒段、蒜泥、花椒粉、淀粉、盐、宫保调味汁、色拉油各适量。

制作：

1.虾仁洗净，加蛋清、淀粉、盐上浆。

2.炒锅注油烧热，下入虾仁滑油，捞出沥油。

3.炒锅留油烧热，下入红辣椒段、蒜泥、花椒粉炒香，放入虾仁，烹入宫保调味汁炒匀即可。

特点：

鲜辣适口。

辣鸡汁

原料:

泡红辣椒75克, 姜、胡椒粉、鸡精、精盐、淀粉、鸡油各适量。

制作:

1.泡红辣椒去籽、蒂剁末, 姜洗净剁末。

2.炒锅注鸡油烧至四成热, 放入泡红辣椒末、姜末炒香, 添入适量水, 撒入精盐, 烧开片刻, 勾芡, 最后撒入胡椒粉、鸡精调匀即可。

特点:

有浓郁的鸡肉香味, 香辣适口, 常用于热菜的烹制。

示范料理: 辣子鸡

原料:

鸡腿300克, 干红辣椒50克, 熟芝麻、花椒、葱段、姜、蒜、盐、料酒、辣鸡汁、色拉油各适量。

制作:

1.鸡肉洗净切小块, 加盐、料酒略腌; 姜、蒜切片。

2.炒锅注油烧热, 下入鸡肉滑油, 捞出沥油。

3.炒锅留底油烧至七成热, 下入姜、蒜、干辣椒、花椒炒香, 放入鸡块炒匀, 烹入辣鸡汁, 撒入葱段、熟芝麻炒匀即可。

提示:

1.腌渍鸡肉时, 盐要一次性加足。不要在炒鸡块的时候加盐, 此时盐味不易进鸡肉, 因为鸡肉的表面已经被炸干, 质地比较紧密, 盐只能附着在鸡肉的表面, 影响味道。

2.炸鸡块时, 油要烧热, 这样炸出来的鸡块才会外酥里嫩。

蘑菇汁

原料:

干香菇25克, 骨汤250毫升, 酱油100毫升, 姜、蒜、胡椒粉、盐、淀粉、色拉油各适量。

制作：

1.姜、蒜均去皮切末，干香菇泡发后洗净切末。

2.炒锅注油烧至四成热，下入姜末、蒜末、香菇末略炒，加入酱油、盐、骨汤烧沸，勾芡，撒入胡椒粉，搅拌均匀即可。

特点：

具有浓郁的香菇味，咸鲜适口，主要用于热菜调味。

豆瓣酱汁

原料：

郫县豆瓣酱100克，葱、姜、白糖、盐、鸡精、米酒、生抽、醋、色拉油各适量。

制作：

1.葱、姜均洗净去皮切成末；豆瓣酱剁成末。

2.炒锅注油烧至六成热，下入豆瓣、葱、姜炒香，添入适量水，加生抽、酱油、白糖、盐、米酒、醋烧沸，撒入鸡精搅匀即可。

示范料理：豆瓣烧茄子

原料：

茄子400克，干木耳、竹笋各25克，味精、盐、白糖、淀粉、豆瓣酱汁、酱油、鲜汤、香油、色拉油各适量。

制作：

1.茄子去皮洗净切块，竹笋切片，木耳泡发切片。

2.炒锅注油烧热，下入茄块滑油，捞出沥油。

3.炒锅留底油烧热，烹入豆瓣酱汁，放入茄子、木耳、竹笋片略烧，添入酱油、鲜汤，勾芡，滴入香油即可。

红咸液

原料：

盐、酱油各适量。

制作：

以100克水、5克盐、100克酱油的比例调成汁即可。

提示：

1.常用于带色的蓉馅烹制的菜肴。

2.在使用中，可以加入葱、姜、五香粉、味精等调料。

示范料理：清炖狮子头

原料：

猪五花肉300克，油菜、白菜、荸荠、葱末、姜末、盐、味精、料酒、胡椒粉、红咸液各适量。

制作：

1.油菜、白菜择洗净，下入加盐的开水锅中焯一下，捞出沥干；荸荠去皮切末；猪五花肉切末，加入葱末、姜末、荸荠末、红咸液、料酒、味精、胡椒粉、淀粉拌匀，制成大丸子。

2.锅中添入适量水，放入肉丸，加入盐、味精、料酒，将大白菜盖在肉丸上，大火烧开后转小火炖熟，出锅前撒入油菜即可。

示范料理：四喜丸子

原料：

猪五花肉300克，荸荠、水发玉兰片各50克，鸡蛋1个，葱段、姜片、淀粉、盐、酱油、清汤、料酒、红咸液、花椒油、色拉油各适量。

制作：

1.将蛋清、盐、淀粉调成蛋糊，猪五花肉切丁；荸荠去皮，与玉兰片均切丁，下入开水锅中焯片刻，捞出沥干，加入猪五花肉、红咸液剁成泥，团成丸子，裹匀蛋糊。

2.炒锅注油烧至五成热，下入丸子滑油，捞出沥油。

3.沙锅内放入葱段、丸子，加入清汤、酱油、姜片烧开，撇去浮沫，熬至汤汁浓厚，捞出丸子。

4.原汤烧沸，勾芡，淋入料酒、花椒油搅匀，倒入丸子碗即成。

示范料理：干煎丸子

原料：

猪五花肉250克，鸡蛋1个，葱末、姜末、淀粉、盐、红咸液、色拉油各适量。

制作：

1.猪肉剁成泥，加入鸡蛋、淀粉、葱末、姜末、红咸液搅匀，团成丸子。

2.煎锅注油烧热，下入丸子慢火煎熟，捞出沥油即成。

特点：

颜色金黄，味道鲜香。

白咸液

白咸液是用盐配制成的咸味溶液。

原料：

盐10克。

制作：

取200克水与10克盐调匀即可。

提示：

白咸液常用于颜色纯白的菜肴。

示范料理：清汤鱼丸

原料：

鲢鱼1条，干香菇2朵，豆芽、香菜、盐、白咸液、香油各适量。

制作：

1.鲢鱼洗净取肉剁成泥，加入白咸液搅拌均匀，挤成丸子；豆芽择洗净焯熟，捞出沥干；香菇泡发洗净，香菜择洗净切段。

2.锅中添入适量水，放入鱼丸煮熟，加入豆芽、香菇略煮，撒入盐、香菜末，滴入香油即可。

示范料理：芙蓉鸡片

原料：

鸡脯肉250克，鸡蛋1个，火腿、冬笋、豌豆苗、淀粉、盐、胡椒粉、鲜汤、白咸液、鸡油各适量。

制作：

1.鸡脯肉剁成末，加淀粉、蛋清、白咸液搅成糊；火腿、冬笋切片；豌豆苗择洗净。

2.炒锅注油烧热，下入适量鸡糊炸成鸡片。

3.锅中添入鲜汤，下入火腿片、鸡片、冬笋片，撒入盐、胡椒粉烧沸，加入豌豆苗，勾芡，淋入鸡油即成。

示范料理：白扒鱼腹

原料：

净鱼肉末300克，猪五花肉末75克，鸡蛋1个，葱末、姜末、油菜心、盐、胡椒粉、淀粉、料酒、白咸液、鲜汤、鸡油、色拉油各适量。

制作：

1.葱末、姜末加料酒、少许水制成葱姜水；将鱼肉末加猪五花肉末、白咸液、葱姜水、蛋清、胡椒粉搅匀，制成丸子；油菜择洗净下入开水锅中焯一下，捞出沥干。

2.炒锅注油烧热，下入鱼丸滑油，捞出沥油。

3.炒锅留底油烧热，下入葱末、姜末爆香，烹入料酒，添入鲜汤，撒入盐，加入鱼丸、油菜心，勾芡，淋入鸡油即成。

葱香汁

葱香汁又称葱香味型，是根据特有风味调制成的味汁。

原料：

葱白150克，泡辣椒、盐、淀粉、料酒、酱油、高汤、蚝油、香油、花生油各适量。

制作：

1.葱白切段，泡椒切末。

2.炒锅注油烧热，下入葱段、泡椒末煸香，烹入高汤、料酒、酱油，加入鸡精、盐，勾芡，滴入蚝油、香油即可。

提示：

泡辣椒、酱油、蚝油、高汤中均含有咸味，加盐时要少加，以免口味过重。

示范料理：葱酥鱼

原料：

鲫鱼500克，葱段、姜片、冰糖、江米酒、葱香汁、料酒、鲜汤、香油、色拉油各适量。

制作：

1.鲫鱼去鳞、鳃、内脏洗净，加料酒、葱香汁略腌。

2.炒锅注油烧至五成热，下入葱段、姜片炒香，加入葱姜汁、冰糖、鲜汤。

3.放入鲫鱼，旺火烧开，改小火烧至鱼酥软、汁浓稠，滴入适量香油即成。

特点：

肉嫩骨酥，葱香味浓。

示范料理：葱香鸡

原料：

净鸡500克，葱段、葱香汁、花生油各适量。

制作：

1.鸡洗净剁成块，下入加葱段的开水锅中焯熟，捞出沥干。

2.炒锅注油烧热，下入鸡块滑油，捞出沥油装盘。

3.浇入葱香汁即可。

特点：

皮脆肉嫩，微黄油亮。

芝香汁

芝香汁突出了芝麻酱的风味，清香而适口，属芝麻味型。

原料：

芝麻酱100克，葱、盐、白糖、白胡椒粉、淀粉、味精、姜汁、菠萝汁、料酒、高汤、香油、色拉油各适量。

制作：

1.芝麻酱加少许凉开水调匀，葱切末。

2.炒锅注油烧热，下入葱末炒匀，加入白胡椒粉、味精、盐、白糖、姜汁、菠萝汁、料酒、芝麻酱汁、高汤调匀，滴入香油，勾芡即可。

示范料理：芝香鱼

原料：

鲜鱼1条，芝麻、盐、淀粉、料酒、芝香汁、色拉油各适量。

制作：

1.鲜鱼取肉切成片，加料酒、淀粉上浆，裹匀芝麻。

2.炒锅注油烧热，下入鱼肉滑熟，捞出沥油装盘。

3.浇入芝香汁即可。

示范料理：芝香鸡柳

原料：

鸡肉500克，鸡蛋1个，芝麻、淀粉、盐、芝香汁、色拉油各适量。

制作：

1.鸡肉切条，加鸡蛋液、淀粉、盐上浆，裹匀芝麻。

2.炒锅注油烧热，下入鸡柳滑熟，捞出沥油装盘。

3.浇入芝香汁即可。

腐乳汁

腐乳汁是利用豆腐乳特有的红色及鲜味调制出的口味，又称腐乳味型。

原料：

红豆腐乳汁25克，葱花、姜末、盐、白糖、料酒、花生油各适量。

制作：

1.腐乳汁加盐、白糖、料酒调匀。

2.炒锅注油烧热，下入葱花、姜末爆香，烹入腐乳汁即成。

特点：

腐乳香味，咸鲜爽口，颜色绛红。

示范料理：炒腐乳肉

原料：

猪瘦肉500克，姜末、腐乳汁、淀粉、鲜汤、香油、色拉油各适量。

制作：

1.将瘦肉切条，加腐乳汁略腌，入蒸锅蒸熟。

2.炒锅注油烧热，下入姜末爆香，放入肉条略炒，添入腐乳汁、鲜汤烧开，勾芡，滴入香油即成。

特点：

金黄透红，软烂鲜嫩，腐乳香浓。

示范料理：腐乳汁炖排骨

原料：

猪排骨300克，葱段、姜片、花椒、八角、丁香、桂皮、小茴香、陈皮、香叶、甘草、冰糖、盐、腐乳汁、高汤、色拉油各适量。

制作：

1.猪排骨剁成小块，下入开水锅中焯片刻，捞出沥干。

2.锅中添入适量水，放入葱段、姜片、花椒、八角、丁香、桂皮、小茴香、陈皮、香叶、甘草、猪排骨、腐乳汁、高汤烧开，转小火炖至熟烂。

3.加入冰糖、盐，炖至汤汁黏稠即可。

示范料理：腐乳鸡

原料：

净鸡500克，葱段、姜片、冰糖、盐、淀粉、江米酒、腐乳汁、香油各适量。

制作：

1.鸡洗净剁成块，加腐乳汁、江米酒、盐略腌。

2.鸡块加入姜片、葱段、冰糖上笼蒸熟。

3.炒锅注蒸鸡原汁烧开，勾芡，滴入香油，浇在鸡块上即成。

香糟汁

原料：

香糟、料酒各100克，桂花酱、糖各50克，盐、鸡精各适量。

制作：

香糟压碎，加入料酒、桂花酱、糖、盐、鸡精拌匀，过滤取汁即可。

提示：

过滤香糟汁时应注意卫生，避免杂物与生水进入香糟汁中，导致其变质。香糟汁需要放入冰箱保存。

示范料理：香糟花生

原料：

花生500克，枸杞子50克，香糟汁适量。

制作：

1.花生洗净煮熟，枸杞子洗净。

2.花生加枸杞子、香糟汁拌匀，腌渍12小时以上即成。

示范料理：香糟扣肉

原料：

猪五花肉500克，花生、味精、盐、白糖、香糟汁、酒酿汁、色拉油各适量。

制作：

1. 猪五花肉洗净切块，下入开水锅内焯片刻，捞出沥干，涂匀酒酿汁。

2. 炒锅注油烧热，下入猪肉块略炸，捞出沥油。

3. 将香糟汁和适量清水拌成糊状，放入肉块腌渍10分钟。

4. 将肉块入蒸笼蒸熟，取出扣入盘中，浇入蒸汁即可。

示范料理：香糟鸡片

原料：

鸡肉200克，水发海参25克，水发冬菇5朵，鸡蛋1个，青豆、葱、姜、淀粉、香糟汁、高汤、料酒、鸡油、色拉油各适量。

制作：

1. 鸡肉切片，加蛋清、淀粉上浆；海参、冬菇均洗净切片，葱、姜分别切片。

2. 炒锅注油烧至六成热，下入鸡片滑散，捞出沥油。

3. 炒锅留底油烧热，下入葱、姜爆香，烹入香糟汁，放入鸡片、冬菇、海参、青豆炒匀，添入高汤浇开，淋入鸡油即可。

鱼味汁

原料：

泡红辣椒100克，大葱、姜、白糖、味精、醋、鱼露、色拉油各适量。

制作：

1. 葱、姜均洗净切末，泡红辣椒切末。

2. 锅中添入适量水，放入白糖、鱼露、盐、味精烧开，加入适量醋搅匀，制成调味汁。

3. 炒锅注油烧至四成热，下入泡辣椒末、姜末、葱末炒香，浇入调味汁中搅匀即可。

(黑椒汁)

原料：

白葡萄酒25毫升，大蒜、黑胡椒、盐、味精、酱油、骨汤、黄油、色拉油各适量。

制作：

1. 蒜去皮切末。

2. 炒锅注油烧至三成热，下入黑胡椒炸香，取油备用。

3. 炒锅注黑胡椒油加热，放入蒜末、黄油炒香，加入骨汤、白葡萄酒、酱油、盐烧沸，撒入味精调匀即可。

特点：

颜色棕褐，黑椒味浓，香辣咸鲜，常用于热菜的烹调。

(番茄蜜汁酱)

原料：

番茄酱200克，白糖50克，白醋、酱油、菠萝汁、味精各适量。

制作：

1. 锅中添入适量水，加入白糖、酱油、菠萝汁烧开。

2. 再加入番茄酱、白醋、味精搅匀即可。

特点：

色泽红润，果酸味浓郁，酸甜可口，主要用于制作肉食或海鲜食品。

(示范料理：蜜汁鱼)

原料：

净鲤鱼1条，葱、番茄蜜汁酱、料酒、酱油、色拉油各适量。

制作：

1. 鲤鱼洗净取肉切片，加料酒、酱油略腌；葱切段。

2. 炒锅注油烧至七成热，下入鱼片滑熟，捞出沥油。

3. 炒锅留底油烧热，下葱段略煸，加入番茄蜜汁酱，添入适量清水烧开，熬至汤汁浓稠，放入鱼片翻匀即可。

宫保酱

原料：

熟花生米50克，葱25克，姜、干辣椒末、白糖、盐、淀粉、味精、醋、酱油、料酒各适量。

制作：

1.葱洗净切段，姜洗净切片，花生米去掉红衣。

2.锅中放入白糖、酱油、盐、料酒，烧至糖、盐充分溶解，勾芡，烧沸，最后放入花生米、醋、葱段、姜片、干辣椒末、味精搅拌均匀即可。

特点：

颜色酱红，有一定的黏稠度，主要用于炒制热菜的调味料。

示范料理：宫保肉片

原料：

猪瘦肉300克，炸花生米75克，鸡蛋1个，葱、花椒、宫保酱、淀粉、色拉油各适量。

制作：

1.猪瘦肉洗净切片，加蛋清、盐、淀粉上浆；葱切段。

2.炒锅注油烧热，下入肉片滑油，捞出沥油。

3.炒锅留底油烧热，下入花椒、蒜段爆香，加入宫保酱炒香，放入肉片略炒，最后放入花生炒匀即可。

桂花酱

原料：

蜂蜜250克，干桂花、柠檬汁、盐、糖、肉桂粉各适量。

制作：

1.干桂花泡开后洗净，捞出沥干。

2.锅中添入适量水，放入白糖、蜂蜜、肉桂粉烧开，撒入盐，搅至糖液浓稠，加入桂花、柠檬汁略烧即可。

提示：

盐与糖不易过多，量大会影响桂花的香味。

示范料理：糯米藕

原料：

藕200克，糯米300克，白糖、红糖、大枣、蜂蜜、桂花酱各适量。

制作：

1. 糯米洗净，加水、白糖泡软；藕去皮洗净。

2. 将藕的一端切开，塞入糯米，盖上莲藕头，用牙签固定。

3. 将藕入锅蒸熟，捞出切片，食用时佐以桂花酱即可。

排骨酱

原料：

番茄酱250克，葱头50克，红辣椒25克，酱油100毫升，大蒜、白糖、盐、味精、醋各适量。

制作：

1. 葱头去皮洗净切末，大蒜捣成泥，红辣椒去蒂、籽洗净切段。

2. 锅中放入白糖、酱油、盐烧至溶化，加入葱头末、蒜泥、红辣椒、味精、醋、番茄酱搅拌均匀，小火烧沸片刻即可。

提示：

可以将番茄酱改为海鲜酱或甜面酱等，按个人口味调配。

示范料理：排骨酱鸡翅

原料：

鸡翅300克，葱段、姜片、排骨酱、盐、色拉油各适量。

制作：

1. 鸡翅洗净，下入加葱姜的开水锅中焯片刻，捞出沥干。

2. 鸡翅加排骨酱、盐腌渍入味。

3. 炒锅注油烧热，下入鸡翅慢火煎熟即可。

干烧酱

原料：

番茄酱250克，辣椒酱、姜、蒜各25克，白糖、盐、味精、醋、米酒各适量。

制作：

1. 姜洗净切末，蒜去皮捣成泥。

2. 锅中添入适量水，放入白糖、盐烧至溶化，加入番茄酱、米酒、辣椒酱、姜末、蒜泥搅拌均匀，最后加入醋、味精搅匀即可。

特点：

色泽红润，香辣鲜咸，用于制作干烧类菜肴。

示范料理：干烧鱼

原料：

净鲤鱼1条，葱花、姜末、干烧酱、盐、料酒、色拉油各适量。

制作：

1. 鲤鱼去鳞、鳃、内脏，洗净切块，加盐、料酒腌渍。

2. 炒锅注油烧热，下入鱼块滑油，捞出沥油。

3. 炒锅留底油烧热，下入葱花、姜末爆香，放入鱼块略炒，加入干烧酱炒匀即可。

咸鱼酱

原料：

咸鱼100克，鸡肉50克，姜、蒜、胡椒粉、色拉油各适量。

制作：

1. 咸鱼取肉切末，蒜去皮捣成泥，姜洗净切末，鸡肉洗净切丁。

2. 炒锅注油烧热，下入蒜泥、姜末炒香，放入咸鱼末、鸡肉丁炒熟，撒入胡椒粉翻匀即可。

特点：

鲜香适口，风味独特，可用于炒饭，也可用于拌面。

示范料理：咸鱼炒饭

原料：

熟米饭250克，葱、蒜、咸鱼酱、色拉油各适量。

制作：

1.蒜洗净切片，葱洗净切花。

2.炒锅注油烧热，下入蒜片、葱花炒香，再下入米饭炒散，加入咸鱼酱炒匀即可。

>>烧烤调味

孜然调味粉

原料：

孜然粉、辣椒粉、胡椒粉、葱头粉各25克，盐、味精各适量。

制作：

将孜然粉、辣椒粉、胡椒粉、葱头粉、盐、味精搅匀即可。

示范料理：烤羊肉串

原料：

羊肉500克，鸡蛋1个，淀粉、孜然调味粉各适量。

制作：

1.羊肉洗净切片，加孜然调味粉、鸡蛋液、淀粉略腌。

2.将羊肉串成串，置于烤炉中烤熟即可。

特点： 孜然香浓，咸鲜带辣，肉质酥嫩。

提示：

1.可以根据个人口味，酌量加入辣椒粉、胡椒粉，并可加入芝麻、花生末等。

2.也可置于平底锅中加油煎制。

奶香调味粉

原料：
白糖50克，奶粉、盐、奶香精、味精、香草粉各适量。
制作：
将白糖、奶粉、盐、奶香精、味精、香草粉混合均匀即可。
特点：
色泽白润，奶香浓郁，可以做奶味烧烤的调味料。

示范料理：奶香花生

原料：
生花生、奶香调味粉各适量。

制作：
1.花生去壳，置于烤炉中烤香后取出。
2.去掉红皮，撒入奶香调味粉拌匀，再置于烤炉中烤片刻即可。

烧烤汁

原料：
酱油100克，番茄酱75克，盐、葱头、大蒜各50克，姜粉、辣椒粉、白糖、花椒、大料、小茴香、丁香各适量。
制作：
1.葱头、大蒜分别切末，苹果洗净打成泥。
2.锅中添入适量水，放入大料、小茴香、丁香、花椒烧开片刻，过滤取汁。
3.锅中添入适量水，放入葱头末、蒜末、姜粉、辣椒粉烧沸，过滤取汁。
4.将滤汁混合，加入白糖、酱油烧沸即可。
提示：
可根据个人的口味添加其他香辛料或水果，也可加入淀粉，提高调味汁的浓度。

孜然辣汁

原料：

酱油100毫升，干辣椒粉、孜然粉各50克，料酒、盐、香油、花椒粉、味精、色拉油各适量。

制作：

1.炒锅注油烧热，下入干辣椒粉炸香，加入酱油、料酒、盐、花椒粉、孜然粉，添入适量水烧开搅匀。

2.再加入味精，滴入香油即可。

特点：

孜然味浓，鲜辣香麻，用于烧烤食品。

示范料理：孜然羊肉

原料：

羊肉300克，葱白、姜、孜然辣汁、色拉油各适量。

制作：

1.羊肉洗净切片，葱切段，姜切块，香菜叶洗净。

2.羊肉加孜然辣汁、葱段、姜片腌渍20分钟。

3.炒锅注油烧至六成热，下入羊肉片滑油，捞出，待油温升至九成热，下入羊肉片复炸，捞出沥油。

4.食用时佐以孜然辣汁即可。

烤玉米涂酱

原料：

酱油50克，辣椒粉、糖、色拉油各适量。

制作：

将酱油、辣椒粉、糖、色拉油调匀即可。

使用方法：

将玉米洗净，在炭火上烤至三成熟，涂上酱料继续烤，在烤的过程中重复涂上酱料，玉米会更入味。

蒜味烤肉酱

原料：

酱油100克，蚝油50克，蒜泥、冰糖、五香粉、胡椒粉、料酒各适量。

制作：

1.炒锅注油烧热，下入蒜泥炸香，捞出沥油。

2.炒锅留底油烧热，放入酱油、蚝油、冰糖、五香粉、胡椒粉、料酒烧开，加入蒜泥烧至浓稠即可。

使用方法：

可以作为烧烤肉类调味蘸酱，或用于烹调炒菜。

葱香烤肉酱

原料：

冰糖、番茄酱各50克，酱油、米酒各50毫升，蚝油、葱末、色拉油各适量。

制作：

炒锅注油烧热，放入冰糖、番茄酱、酱油、米酒、蚝油、葱末烧开，烧至浓稠即可。

使用方法：

可以用做烤肉酱，也可以用做一般的调料蘸食或炒青菜用。

BBQ烤肉酱

原料：

番茄酱、糖各50克，芥末酱、黑胡椒各25克，海鲜酱、醋各50毫升，辣椒酱、葱头末、蒜泥、盐、色拉油各适量。

制作：

将番茄酱、糖、芥末酱、黑胡椒、海鲜酱、醋、辣椒酱、葱头末、蒜泥、盐、色拉油混合调匀即可。

烧烤酱

原料：

※配方一：

果糖250克，盐50克，葱头、番茄酱各25克，白醋、大蒜、干辣椒、胡椒、淀粉、丁香各适量。

※配方二：

番茄酱200克，白醋75克，蜂蜜、白糖各50克，淀粉、盐、葱头各25克，大蒜、干辣椒、芥末粉、丁香各适量。

制作：

1.葱头、大蒜、干辣椒均洗净切末。

2.锅中添入适量水，放入番茄酱、糖、盐、葱头、大蒜、干辣椒烧沸。

3.加丁香、胡椒烧开，勾芡，淋入白醋，烧至浓稠即可。

特点：

颜色酱红，酱体黏稠，酸甜微辣，风味独特。

提示：

水和淀粉用量的多少，决定其黏度的高低，可以适当增加番茄酱的用量。

白醋可以改善酱的风味，也具有防腐的作用，但用量若超过15%会影响其风味；若采用果醋，酱的风味更佳。

腐乳烧酱

原料：

酱油、甜面酱、腐乳各50克，白糖、盐、米粉、味精、番茄酱、十三香各适量。

制作：

1.将酱油、米粉混合均匀。

2.锅中放入甜面酱、腐乳、白糖、盐、味精、番茄酱、十三香、酱油、米粉混合料，烧开片刻即可。

特点：

颜色酱红，有浓郁的酱香和腐乳香，常用于烧烤肉食和海产品。

>>腌料卤汁

配制腌料卤汁的秘诀

◎香料、盐、酱油的用量要适当

香料过多，腌制出的成品药味大，色偏黑；香料太少，成品香味不足。盐过多，除口味"死咸"外，还会使成品紧缩、干瘪；盐太少，成品鲜香味不突出。酱油太多，色黑难看；酱油太少，口味不够鲜美。

◎ 腌料卤汁应现配现用

卤汁应现配现用，这样既可避免调味品中芳香气味的挥发，还能节省燃料和时间。

原料卤制前的准备

◎清洗处理

动物原料在宰杀处理后，必须将毛杂污物清除干净。

◎初步刀工处理

肉、肠、肝应改刀成块，家禽及豆腐干等不需再改刀。

◎焯水处理

凡是需要卤制的动物性原料，都应先进行焯水处理，然后才能用于卤制。

卤制原料时的关键

◎卤锅的选用

最好选用生铁锅，若卤制的原料不太多时，选用沙锅为好。这两种锅壁厚导热性较差，汤汁不易蒸发，食物与锅不易发生化学变化。不宜用铜锅或铝锅，因其导热性很强，汤汁气化快；铜锅还易与卤汁中的盐等发生化学反应，从而影响色泽、口味、卫生质量。

◎ 要掌握好火候

一般是采用中小火或微火，使汤汁保持小开或微开状态。不能使用旺火，否则，汤汁沸腾，不断溅在锅壁上，形成薄膜，最后焦化落入卤汁中，形成碳末状黑色物，有的黏附于原料上，影响到色泽和卤汁的色泽、口味。大火卤煮，原料既不易软烂，卤汁又会因快速气化而迅速减少。

卤汁的保存

卤制后的汤汁应妥善保存，下次卤制时再添水加料使用，故称之为老汤。卤汁用的次数越多，保存时间越长，卤汁内所含的可溶性蛋白质等成分越多，质量越佳，味道越美。

卤汁的保存，应注意以下几点：

◎ 撇除浮油、浮沫

卤汁的浮油、浮沫要及时撇除，并经常过滤去渣。

◎ 要定时加热消毒

夏秋季每天早晚各烧沸消毒一次，冬春季可每日或隔日烧沸消毒一次，烧沸后的卤汁应放在消过毒的盛器内。

◎ 盛器必须用陶器或白搪瓷器皿

绝不能用铁、锡、铝、铜等金属器皿，否则卤汁中的盐等物质会与金属发生化学反应，使卤汁变色变味，乃至变质不能使用。

◎ 注意存放位置

卤汁应放在阴凉、通风、防尘处，加上纱罩，防止蝇虫等落入卤汁中。

◎ 原料的添加

香料袋一般只用两次就应更换，其他调味料则应每卤一次原料，即添加一次。有了老卤后，调制卤汁则不必非用骨汤，用清水亦可，也可不加油。

红烧汁

原料：

酱油100克，葱25克，姜、白糖、盐、味精、十三香、料酒、骨汤各适量。

制作：

1.葱去皮洗净切段，姜洗净切块。

2.锅中添入适量骨汤烧开，放入葱段、姜块、酱油、盐、白糖、料酒煮沸，撒入十三香、味精搅匀，过滤即可。

特点：

色酱红，无分层、沉淀，酱香味浓，咸鲜醇厚。

提示：

红烧汁可以酱制肉食品及豆制品等，并可以反复使用。

红糟汁

原料：

红糟25克，盐、姜粉、味精、料酒各适量。

制作：

1.红糟切碎加水烧开，过滤取汁。

2.锅中放入滤液、料酒、盐、姜粉烧开片刻，停火后撒入味精搅匀即可。

特点：

颜色淡红，糟香浓郁。

提示：

在做糟鸡或糟肉等菜肴时，应注意除净鸡或肉的污血，将肉烹制熟透，再放入糟汁中浸泡，浸泡的时间越长，香味越浓。

示范料理：糟鸡

原料：

净鸡1只，红糟汁适量。

制作：

1.鸡洗净切块，下入开水锅中焯片刻，捞出沥干。

2.放入红糟汁中，浸泡24小时后取出。

3.锅中添入适量红糟汁、水，放入鸡块煮熟即可。

示范料理：糟肉

原料：

带皮猪肉块500克，红糟汁适量。

制作：

1.猪肉块洗净，下入开水锅中焯片刻，捞出沥干。

2.将肉块放入红糟汁中浸泡24小时，取出煮熟切片即可。

特点：

咸甜适口，糟香味浓。

五香酱汁

原料：

酱油100毫升，盐、白糖各50克，葱、姜、料酒各25克，味精、大料、桂皮、花椒、小茴香、香叶、骨汤各适量。

制作：

1.葱去皮洗净切段，姜洗净切块；将大料、桂皮、花椒、小茴香、香叶包成香料包。

2.锅中添入适量骨汤，放入香料包、葱段、姜块、酱油、盐、白糖、料酒烧开片刻，过滤，撒入味精搅拌均匀即可。

特点：

颜色酱红，无分层和沉淀，五香味浓郁。

提示：

可用于酱制肉食品及豆制品等，并可反复使用；在每次酱完食品后，酱汁应放入冰箱中保存。

示范料理：五香酱肉

原料：

猪肉500克，盐、五香酱汁各适量。

制作：

1.猪肉洗净切块，划上几刀，涂匀盐腌渍1小时，下入开水锅中焯一下，捞出沥干。

2.锅中添入五香酱汁，放入肉块大火烧开，转小火炖至熟烂即可。

示范料理：五香豆干

原料：

北豆腐500克，五香豆干腌渍汁适量。

制作：

1.北豆腐洗净切片，下入开水锅中焯一下，捞出沥干。

2.锅中添入五香豆干腌渍汁，放入豆腐片大火烧开，转小火煮30分钟停火，取出晒干即可。

酱肉汁

以2500克牛腱子肉为例。

原料：

酱油150毫升，盐、白糖各100克，花椒、甘草各50克，茴香、丁香、陈皮、草果各25克，葱、姜、香叶、桂皮、大料、肉豆蔻、味精各适量。

制作：

方法一

1.牛肉洗净，下入开水锅中焯一下，捞出沥干。

2.锅中添水烧开，加入酱油调至汤色酱红，放入牛腱子肉、盐、白糖、花椒、甘草、茴香、丁香、陈皮、草果、葱、姜、香叶、桂皮、大料、肉豆蔻烧开，慢火煮至牛肉熟烂，撒入味精即可。

方法二

1. 炒锅注油烧热，下入白糖炒成糖色，放入牛腱子肉着色。

2. 添入适量水，加入酱油、盐、花椒、甘草、茴香、丁香、陈皮、草果、姜、葱、香叶、桂皮、大料、肉豆蔻烧开，转小火炖至牛肉熟烂，撒入味精即可。

提示：

此酱肉汁可以根据原料的老嫩灵活掌握用火时间。

示范料理：酱肘子

原料：

猪肘子1000克，酱肉汁适量。

制作：

1. 将猪肘子收拾好，入开水锅中略煮去杂质，捞出冲净。

2. 锅中添入酱肉汁烧开，撇去浮沫，放入猪肘子，小火焖至肉熟，捞出晾凉切块即可。

示范料理：酱猪肚

原料：

猪肚1个，葱白、姜、蒜、花椒、酱肉汁各适量。

制作：

1. 葱白切段，姜、蒜切片；猪肚洗净，下入开水锅中焯片刻，捞出沥干。

2. 锅中添入酱肉汁、水，放入葱段、姜片、蒜片、猪肚大火烧开，转小火煮至熟烂，捞出沥干晾凉即可。

红盐荤料泡汁

原料：

盐500克，干辣椒200克，花椒、红萝卜150克，红糖100克，白酒、醪糟汁、八角、茴香、草果、良姜、三奈、排草各适量。

制作：

1.锅中添入适量水，加入盐、白糖、红糖、醪糟汁、干辣椒、八角、茴香、草果、三奈、排草、良姜等香料烧开片刻，搅匀，倒入干净的坛中。

2.红萝卜洗净切片，放入坛中泡2天，待盐水呈粉红色即可。

特点：

用此泡汁泡制的荤料，色泽润红，咸香带酸，余味回甜；可以用来泡制各种荤料，如猪耳朵、猪蹄、鸭舌、鸡爪等。

山椒荤料腌渍汁

原料：

野山椒700克，泡青菜500克，盐400克，干辣椒200克，白酒100毫升，姜、蒜、醪糟汁、白糖各50克，八角、草果、良姜各适量。

制作：

1.锅中添入适量清水，放入八角、草果、良姜烧开片刻。

2.再加入泡青菜、野山椒、干辣椒、姜、蒜、白酒、醪糟汁、白糖、盐搅匀即可。

特点：

这种腌渍汁泡制出的荤料，口味清香，微辣咸鲜；可以用来泡制各种荤料，如猪耳朵、猪蹄、鸭舌、鸡爪等。

酒香荤料腌渍汁

原料：

野山椒、盐各500克，泡青菜250克，泡辣椒200克，花椒、干辣椒各100克，白酒200毫升，白腐乳汁50毫升，胡椒粒、白糖、八角、草果、良姜各适量。

制作：

1.锅中添入适量水，放入八角、草果、良姜、胡椒粒、花椒烧开片刻。

2.加入盐、野山椒、泡青菜、泡辣椒、干辣椒、白糖、白酒、白腐乳汁搅匀即可。

特点：

用这种腌渍汁泡好的荤料，酒香浓郁，乳香味醇，咸香微辣；可以泡制各种荤料，如猪耳朵、猪蹄、鸭舌、鸡爪等。

家常卤味汁

原料：

白糖50克，葱、姜各25克，酱油150毫升，料酒50毫升，大蒜、红辣椒、小茴香、花椒、八角、桂皮、陈皮、丁香、香叶各适量。

制作：

1.将小茴香、花椒、八角、桂皮、陈皮、丁香、香叶包入纱布中制成调味香料包；葱切段，姜切片，红辣椒切段，大蒜去皮切片。

2.锅中添入适量水，放入香料包、葱段、姜片、红辣椒、蒜片，慢火煮20分钟即可。

特点：

颜色酱红，风味独特。

示范料理：卤水豆制品

原料：
豆腐干或豆腐块500克，家常卤味汁适量。
制作：
1. 锅中添入适量卤汁烧开，放入豆腐干或豆腐块慢火煮20分钟。
2. 捞出切片，再浇入卤汁即可。

示范料理：卤水鸡蛋

原料：
鸡蛋300克，家常卤味汁适量。
制作：
1. 鸡蛋洗净煮熟去壳。
2. 锅中添入适量家常卤味汁烧开，放入鸡蛋慢火煮20分钟，取出切瓣即可。

示范料理：五香茶叶蛋

原料：
鸡蛋500克，茶叶50克，家常卤味汁适量。
制作：
1. 鸡蛋洗净。
2. 锅中添入适量家常卤味汁、水，加入茶叶，放入鸡蛋煮熟，将蛋壳轻轻打碎，文火加热40分钟，停火后再浸泡1小时即可。

红油卤味汁

原料：
海鲜酱50克，葱、蒜各25克，姜、红辣椒、八角、桂皮、花椒、甘草、草果、酱油、米酒、色拉油各适量。

制作：

1.将八角、桂皮、花椒、甘草、草果包入纱布中制成香料包；葱洗净切段，蒜、姜去皮切片，红辣椒洗净切段。

2.锅中添入适量水，放入香料包，小火烧开片刻，过滤取汁。

3.炒锅注油烧热，下入蒜片、姜片、红辣椒段炒香，加入香料汁、酱油、米酒烧开即可。

提示：

可适量添加白糖、香油等调料。

示范料理：红油鸭舌

原料：

鸭舌250克，红油卤味汁适量。

制作：

1.鸭舌洗净，下入开水锅中焯一下，捞出沥干。

2.锅中添入适量红油卤味汁，放入鸭舌大火烧开，转小火煮40分钟即可。

肉类卤味汁

原料：

葱50克，酱油100毫升，米酒50毫升，白糖、小茴香、八角、桂皮、花椒、沙姜、胡椒粒、丁香、香叶各适量。

制作：

1.将小茴香、八角、桂皮、花椒、沙姜、胡椒粒、丁香、香叶包入纱布中，制成香料包；葱洗净切段。

2.锅中添入适量水，放入香料包烧开片刻。

3.加入酱油、葱段、米酒、白糖，文火煮20分钟即可。

特点：

香气浓郁，咸鲜微甜。可以按照个人的口味调整配料，适量添加大蒜、辣椒等调料。

示范料理：卤水牛腱

原料：

牛腱500克，葱、姜各25克，红辣椒、卤味调味汁、色拉油各适量。

原料：

1. 牛腱洗净，下入开水锅中焯一下，捞出沥干；葱切段，姜切片，红辣椒切段。

2. 炒锅注油烧热，下入葱段、姜片、辣椒段炒香，添入适量肉类卤味汁，放入牛腱大火烧开，转小火炖40分钟，捞出切片即可。

示范料理：蒜香鸡心

原料：

鸡心250克，大蒜100克，姜、肉类卤味汁、色拉油各适量。

制作：

1. 鸡心洗净，下入开水锅中焯一下，捞出沥干；蒜、姜均去皮切片。

2. 炒锅注油烧热，下入蒜片、姜片炒香，添入适量肉类卤味汁，放入鸡心大火烧开，转小火煮至熟烂即可。

提示：

可以按照个人爱好加入适量香油或花椒油。

家常卤汁

原料：

小茴香、陈皮、红曲米各200克，盐100克，草果、甘草、姜各50克，花椒25克。

制作：

1. 将小茴香、陈皮、盐、草果、甘草、姜、花椒包入纱布中，制成香料包；红曲米单独包好。

2.锅中添入适量水，放入香料包、红曲米包大火烧开，撇去浮沫，加入原料，转小火煮至熟烂即可。

使用方法：

这种卤汁可以用来制作卤牛肉、白卤鸡、卤鸭子、卤猪肉、卤猪心、卤猪肝等。

提示：

由于原料的老嫩不一样，因此火候也应不同。质地较嫩的肉鸡，卤制时间就要短一些；牛腱子肉较硬，时间就应加长一些。所有的主料下入卤水锅前必须用沸水焯一下，以去除血沫和异味。

红卤汁

原料：

酱油500克，红糖250克，盐200克，香葱、生姜各150克，甘草、干红辣椒各100克，八角、桂皮、陈皮、糖色各50克，丁香、山奈、花椒、茴香、香叶、良姜、草果、料酒、骨汤、味精、色拉油各适量。

制作：

1.草果、桂皮、甘草、香葱、生姜、陈皮、八角、丁香、山奈、花椒、茴香、香叶、良姜、干红辣椒包入纱布中，制成香料包。

2.锅中添入适量骨汤，放入香料包、油、味精、料酒、酱油、糖色、红糖、盐调匀，烧开片刻即可。

黄卤汁

原料：

油炸蒜瓣、油炸鲜橘皮、芹菜、生姜、黄栀子、油咖喱各150克，香叶100克，山奈、良姜各50克，花椒、砂仁各25克，沙嗲酱、料酒、味精、盐、骨汤、色拉油各适量。

制作：

1.将黄栀子、香叶、山奈、花椒、良姜、砂仁、油炸蒜瓣、油炸鲜橘皮装入香料袋内。

2.锅中添入适量骨汤，放入香料袋、芹菜、生姜块、沙嗲酱、黄酒、油、油咖喱、料酒、味精、盐调匀，烧开片刻即可。

白卤汁

原料：

香葱结、生姜块各150克，八角、山奈、陈皮、香叶各50克，花椒、白豆蔻、白芷各25克，盐、味精、白酱油、骨汤各适量。

制作：

1.将八角、山奈、花椒、白豆蔻、陈皮、香叶、白芷装入香料袋内。

2.锅中添入适量水，放入香料袋、葱结、姜块、白酱油、盐、味精、骨汤调匀，烧开片刻即可。

提示：

此配方适宜卤制10～12千克的生鲜原料，家庭可按比例减少调味料的数量。

蔬菜腌菜汁

腌渍液是以盐为主要调料配制出的腌菜溶液，盐水的浓度为10%，即200克水加20克盐，常用于腌芹菜、腌黄瓜、腌辣椒、腌咸菜等用。这里以腌芹菜为例。

原料：

芹菜250克，盐25克，花椒、大料、姜、小茴香、鱼露各适量。

制作：

1.芹菜择洗净切段。

2.锅中添入适量水，放入盐、花椒、大料、姜、小茴香烧开片刻，晾凉。

3.坛子内放入芹菜段，加入腌渍液、鱼露，腌渍两天即可。

提示：

腌黄瓜时加5%的糖，腌渍茎块较大的白萝卜、榨菜、胡萝卜等原料时，为使入味透彻，可以将大块原料剖开，倒入腌渍液后，原料的上层再撒一层封顶盐。因为盐的密度比水大，容易沉淀或结晶，上层撒的一层盐将逐渐溶化，浸入原料之中。此类原料腌渍的时间要长，一次制作量要适量，适时食用，保持鲜香，不宜太咸。

>>面酱

烤鸭面酱

原料：

面酱200克，白糖25克，酱油、味精、色拉油各适量。

制作：

1.炒锅注油烧热，下入面酱炒香，加入白糖、酱油不停搅拌，添入适量水烧沸。

2.撒入味精搅匀即可。

特点：

颜色红褐，有浓郁的酱香味，香甜可口，黏稠适度。可以根据个人口味添加适量香油，也可以少加酱油或不加酱油。

桂林辣酱

原料：

豆酱200克，辣椒糊、豆豉各50克，大蒜25克，酱油250毫升，白糖、味精、色拉油各适量。

制作：

1.大蒜去皮捣成泥，辣椒糊、豆豉混合均匀。

2.炒锅注油烧热，下入辣椒糊、豆豉炒香，加入酱油、豆酱、蒜泥、白糖搅匀，小火烧15分钟，撒入味精搅匀即可。

特点：

颜色红褐，香辣可口，有豆豉香味和蒜香味。

提示：

最好把豆豉碾碎成泥。

蒜蓉香辣酱

原料：

大蒜250克，辣椒糊、黄酱各200克，白糖、葱头、姜、胡椒粉、色拉油各适量。

制作：

1.大蒜去皮捣成泥，姜、葱头洗净切末。

2.炒锅注油烧热，下入辣椒糊炒香，加入黄酱、白糖，添入适量水烧开，再加入蒜泥、姜、葱头、胡椒粉搅匀即可。

特点：

颜色酱红，有浓郁的酱香和蒜香，鲜辣爽口。

海带蒜蓉酱

原料：

干海带、大蒜各500克，辣椒糊250克，白糖、盐、味精、醋、料酒各适量。

制作：

1.干海带泡发洗净，蒸熟切末；大蒜去皮捣碎。

2.锅中放入辣椒糊、白糖、盐、料酒烧沸，加入海带泥、蒜蓉煮熟，淋入醋，撒入味精搅匀即可。

特点：

颜色深绿，糊状，有海带及蒜香味，口感鲜辣，营养丰富。

鲜味蒜蓉酱

原料：

蚝油250克，鱼露、大蒜各200克，酱油、白糖、梅醋、味精、色拉油适量。

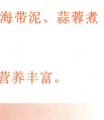

制作：

1.大蒜去皮捣成泥。

2.炒锅注油烧热，下入蒜泥炸香，放入蚝油、鱼露、酱油、白糖炖沸后停火，加入梅醋、蒜泥、味精搅匀即可。

特点：

颜色酱褐，有浓郁的蒜香味，微酸鲜香。

榨菜肉酱

原料：

猪肉末、榨菜各250克，甜面酱、黄瓜各150克，大蒜100克，酱油、料酒、白糖、盐、白胡椒粉、色拉油各适量。

制作：

1.大蒜、榨菜洗净切末，黄瓜洗净切块。

2.炒锅注油烧热，下入肉末炒熟，放入榨菜、甜面酱、酱油、料酒、白糖、盐，不停地翻搅，烧沸片刻加入蒜泥、黄瓜块、白胡椒粉，搅匀即可。

特点：

色泽浅褐，蒜香浓郁。

提示：

也可添加其他的蔬菜，如胡萝卜等。

雪菜肉酱

原料：

雪菜400克，猪肉末250克，大蒜150克，白糖、虾油、辣椒糊、盐、胡椒粉、色拉油各适量。

制作：

1.大蒜去皮捣碎，雪菜洗净切末。

2.炒锅注油烧热，下入肉末、虾油炒香，加入蒜泥、辣椒糊、雪菜末、白糖、盐，添入适量水烧沸，撒入胡椒粉即可。

提示：

可适量添加个人喜欢的调味酱，如蒜蓉酱、海鲜酱等。

蚕豆辣酱

原料：

蚕豆酱400克，辣椒糊200克，酱油、蒜泥各适量。

制作：

1.锅中放入蚕豆酱、辣椒糊、酱油烧开。

2.加入蒜泥搅匀即可。

特点：

有浓郁的酱香和蒜香味，香辣可口。

提示：

熬酱时要不停搅拌，以免糊锅。

>>家常调味

番茄调味粉

原料：

盐100克，白糖、番茄粉各25克，葱头粉、蒜粉、胡椒粉、味精各适量。

制作：

将白糖、盐、味精、葱头粉、蒜粉、胡椒粉、番茄粉混合均匀即可。

特点：

色泽红润，有番茄的香味。

提示：

是休闲食品如番茄薯片等的重要调味料。

麻辣粉

原料：

盐100克，酱油粉、葱头粉25克，姜粉、蒜粉、辣椒粉、黑胡椒粉、味精各适量。

制作：

将盐、酱油粉、葱头粉、姜粉、蒜粉、辣椒粉、黑胡椒粉、味精混合均匀即可。

特点：

色泽黄红，麻辣味浓。

提示：

粉状调料混合均匀，可以做煎炸食品的调味粉，如在炸好的薯条或鸡翅上撒上调味粉，即为麻辣薯条或麻辣鸡翅。

五香调味粉

原料：

盐100克，白糖、酱油粉各25克，葱头粉、姜粉、五香粉、胡椒粉、味精各适量。

制作：

将盐、白糖、酱油粉、葱头粉、姜粉、五香粉、胡椒粉、味精混合均匀即可。

提示：

可以用做煎炸食品的调味粉，如在炸好的薯条或鸡翅上撒上五香调味粉，即为五香薯条或五香鸡翅。

麻酱味汁

原料：

芝麻酱25克，浓鸡汁、酱油各50毫升，味精、香油各适量。

制作：

1. 芝麻酱加入味精、浓鸡汁、酱油调匀。

2. 淋入香油即可。

特点：

颜色棕红，香味浓郁，咸鲜适口。

臭豆腐蘸汁

原料：

酱油50毫升，香菜、红辣椒酱各适量。

制作：

1. 香菜择洗净切末。

2. 辣椒酱加酱油调匀，撒入香菜末即可。

提示：

有一种吃起来非常酥脆的臭豆腐，制作的秘诀很简单，就是选用小块的臭豆腐，然后回锅炸，这样炸出来的臭豆腐会格外酥脆。

虾蟹蘸汁

原料：

姜末、糖各25克，白醋150克，盐适量。

制作：

锅中放入糖、醋、盐、姜末，烧开即可。

提示：

加盐的用意在于将糖和白醋的味道提出来，让蘸料尝起来更有甜味，所以只能加少许，不宜过量。

饺子醋

原料：
醋250克，大蒜50克，白糖、盐各适量。

制作：
1. 大蒜去皮捣成泥。
2. 将蒜泥、白糖、盐、醋搅匀即可。

特点：
颜色红褐，有醋和大蒜的香味，酸甜柔和，蒜味醇正，清澈透明，尤其适宜吃饺子时蘸食。

红油汁

原料：
辣椒油100克，酱油、大葱、盐、白糖、味精各适量。

制作：
1. 大葱去皮洗净切末，加入适量水制成葱汁。
2. 锅中放入酱油、盐、白糖、葱汁烧沸，停火后撒入味精、辣椒油，搅匀即可。

特点：
色泽红润，有葱香味，香辣、咸鲜、微甜，一般用于凉拌菜。

姜油汁

原料：
姜100克，姜汁醋25克，白糖、味精、酱油、香油、色拉油各适量。

制作：
1. 姜洗净剁成末。
2. 炒锅注油烧热，下入姜末炸香。
3. 加入酱油、姜汁醋、白糖烧开搅匀，停火后撒入味精，滴入香油拌匀即可。

特点：
姜味浓郁，咸鲜酸甜，清爽解腻，一般用于拌凉菜。

示范料理：姜汁鸡

原料：

净鸡250克，姜油汁、姜片、姜末、葱段、盐各适量。

制作：

1.鸡洗净切块，下入加葱段、姜片、盐的开水锅中煮熟，捞出沥干装盘。

2.加入姜油汁、姜末、盐拌匀即可。

麻酱汁

原料：

芝麻酱250克，白糖、盐、味精、酱油、花椒油各适量。

制作：

1.将芝麻酱加花椒油搅匀。

2.将白糖、盐、味精加适量温开水溶化，浇入芝麻酱汁调匀即可。

特点：

有芝麻酱的自然清香，麻、甜、鲜、微咸，香醇可口。

葱香凉拌汁

原料：

大葱200克，酱油100毫升，花椒、盐、味精、醋、香油、色拉油各适量。

制作：

1.大葱洗净剁成末。

2.炒锅注油烧热，下入花椒炸香，取花椒油。

3.炒锅注花椒油烧至四成热，放入葱末煸炒，加入酱油、盐、味精、醋搅拌均匀，淋入香油即可。

特点：

葱味浓郁，咸鲜、麻香，主要用于凉拌菜。

蒜蓉酱汁

原料：

蚝油、鱼露各250毫升，酱油200毫升，大蒜150克，白糖50克，柠檬汁100毫升，鸡精、色拉油各适量。

制作：

1. 蒜去皮切碎。

2. 炒锅注油烧热，下入蒜末炸香。

3. 加入蚝油、鱼露、酱油、白糖、柠檬汁、鸡精搅匀烧沸即可。

特点：

蒜香浓郁，鲜香、酸甜、微咸，有复合香味。常用于凉菜、冷荤调味汁。

示范料理：蒜蓉五花肉

原料：

猪五花肉300克，蒜蓉酱汁适量。

制作：

1. 五花肉洗净，下入开水锅中煮熟，捞出沥干。

2. 将五花肉切片，浇入蒜蓉酱汁即可。

虾油汁

原料：

虾油100克，姜、盐、酱油、香油各适量。

制作：

1. 姜洗净切末，加水取汁。

2. 锅中放入酱油、盐、虾油、姜汁中火烧沸，停火后加入香油搅匀即可。

特点：

有浓郁的鲜虾味，咸鲜微辣，常用于凉拌菜。

提示：

若无虾油，可用海米加入适量水文火烧开，加热，然后挤压过滤即制成虾油汁。

番茄调味汁

原料：

番茄酱200克，花生酱50克，柠檬汁150毫升，白糖、盐、白醋、色拉油各适量。

制作：

1.将番茄酱加白糖、盐、柠檬汁混合搅拌均匀，制成番茄调味汁。

2.炒锅注油烧至四成热，下入花生酱炒香，加入番茄调味汁及少许水烧开，淋入白醋搅匀即可。

特点：

色泽红润，酸甜适口，有柠檬的香味。

提示：

也可将柠檬汁改为柚子汁，还可以加入苹果酱。

蔬菜调味汁

原料：

番茄酱250克，白糖25克，酱油250克，果醋150克，香葱、大蒜、姜、香油各适量。

制作：

1.香葱洗净切段，蒜、姜洗净切末。

2.将所有的原料混合，搅拌均匀即可。

特点：

颜色红褐，解酒解腻。主要用于炸蔬菜的调味蘸汁。

示范料理：酥炸茄盒

原料：

茄子250克，猪肉末100克，鸡蛋1个，葱末、姜末、盐，味精、面粉、酱油、蔬菜调味汁、色拉油各适量。

制作：

1.茄子切大片，肉末加酱油、盐、葱姜末、味精拌成馅，鸡蛋加适量面粉、淀粉调成糊。

2.茄片抹入肉馅，蘸匀面糊。

3.炒锅注油烧热，下入茄片慢火炸熟，捞出沥油，食用时佐以蔬菜调味汁即可。

海鲜调味汁

原料：

番茄酱250克，白糖25克，苹果醋200毫升，葱、姜、蒜、香菜、辣椒末、盐、香油各适量。

制作：

1.葱、姜、蒜洗净切末，香菜择洗净切段。

2.将番茄酱、白糖、苹果醋、香菜、葱末、姜末、蒜末、辣椒末、盐、香油混合搅拌均匀即可。

特点：

色泽红润，酸甜、香辣、咸鲜，爽口解腻，可以作为油炸海鲜的调味汁。

示范料理：酥炸鱿鱼圈

原料：

鲜鱿鱼500克，面粉50克，自发粉、盐、胡椒粉、海鲜调味汁、椒盐、色拉油各适量。

制作：

1.将自发粉、椒盐、色拉油加适量水调成炸浆；鱿鱼洗净切成圈，下入开水锅中焯一下，捞出沥干，加盐、胡椒粉略腌。

2.将鱿鱼圈裹匀炸浆，下入热油锅中炸至金黄色，捞出沥油。

3.食用时佐以海鲜调味汁即可。

提示：

鱿鱼一定要先焯过，除去其自身的水分，否则炸出来的鱿鱼不酥脆。

蚝油柠檬拌面汁

原料：

酱油250毫升，蚝油、柠檬汁各200毫升，白糖、大蒜各25克，香葱、辣椒油、味精各适量。

制作：

1. 大蒜去皮切碎；香葱去掉老皮洗净，切成小段。

2. 将所有的原料混合，搅拌均匀即可。

特点：

颜色深褐，有复合的香味。

提示：

可以按照个人的爱好添加芥末或红辣椒等。

家常酱香拌面汁

原料：

白糖25克，酱油250毫升，醋200毫升，姜、芥末油（或芥末酱）、鸡精、香油各适量。

制作：

1. 姜洗净，去皮切末。

2. 锅中放入酱油烧开，加入白糖、姜末搅拌均匀，待糖溶化停火，加入其他原料，搅匀即可。

特点：

酱香浓郁，微酸、微甜、咸鲜。

豆豉酱

原料：

猪肉末200克，豆豉150克，蒜泥、辣椒、色拉油各适量。

制作：

1. 炒锅注油烧热，下入豆豉炒香盛出。

2. 炒锅注油烧热，下入肉末、蒜泥爆香，加入辣椒略炒，再加入豆豉炒匀即可。

提示：

可用于拌面、拌饭或是蒸排骨，风味极佳。

闽式沙茶酱

原料：

花生仁150克，比目鱼干、芝麻酱、大蒜各50克，香葱、辣椒粉各25克，芥末粉、五香粉、香菜籽、香木草末、白糖、盐、色拉油各适量。

制作：

1. 花生仁、比目鱼干分别下入热油中炸透，捞出切末；芝麻酱加适量色拉油调稀，大蒜、香葱分别切末。

2. 炒锅注油烧热，分别下入蒜末、香葱末、辣椒粉熬成蒜油、葱油、辣椒油。

3. 炒锅注油烧热，下入香菜籽、五香粉炒香，加入芝麻酱、花生末、比目鱼末、芥末粉翻炒，再加入蒜油、葱油、辣椒油、白糖、盐、香木草末炒匀即可。

煎饺蘸酱

原料：

酱油、白醋、香油、蒜泥、辣椒末（或辣椒酱）各适量。

制作：

将酱油、白醋、香油、蒜泥、辣椒末拌匀即可。

蒜蓉辣酱

原料：

鲜辣椒8个，梨1/2个，大蒜、盐、白酒、白糖各适量。

制作：

1. 辣椒去籽切末，梨、大蒜分别切末。

2. 将辣椒末、梨末、蒜末加入盐、白糖、白酒搅匀即可。

特点：

开胃可口，可以当小菜直接吃。

提示：

1. 制作过程中避免沾油，应使用专用的器皿。

2. 储存3～5天后即可食用。

3. 可以作为辣酱用来炒生菜等蔬菜，还可用于炒魔芋豆腐等。

番茄调味酱

原料：

番茄酱250克，葱头50克，白糖25克，酱油150毫升，果醋、花椒、色拉油各适量。

制作：

1. 葱头去皮洗净切末。

2. 炒锅注油烧热，下入花椒炸香，取油备用。

3. 锅中添入适量水，放入白糖、番茄酱、酱油、葱头末烧开，停火后加入果醋、花椒油，搅拌均匀即可。

特点：

色泽红润，酸甜可口，解酒解腻，适合做炸鸡或炸薯条的调味蘸酱。

示范料理：炸薯条

原料：

土豆500克，盐、番茄调味酱各适量。

制作：

1. 土豆去皮洗净切条，放入盐水中略泡，捞出洗净沥干。

2. 炒锅注油烧至五成热，下入薯条，慢火炸5分钟捞出，待油温升至七成热，下入薯条复炸至金黄色，捞出沥油。

3. 食用时佐以番茄调味酱即可。

提示：

1. 土豆切条后要立刻浸于盐水中，以免氧化变色。

2. 炸薯条时第一次用小火，复炸时用猛火，这样炸出来的薯条既香脆，又不油腻。

姜蓉酱

原料：

姜250克，大葱100克，花椒、盐、味精、醋、色拉油各适量。

制作：

1. 姜去皮洗净碾成泥，大葱去皮清洗切末。

2.炒锅注油烧热，下入花椒炸香，取油备用。

3.将姜泥、葱末、花椒油、盐、味精、醋混合均匀即可。

特点：

有浓郁的辛辣味，香麻咸鲜，适合用来蘸食白斩鸡或盐水鸡，味美爽口。

示范料理：酱蘸盐水鸡

原料：

盐水鸡500克（盐水鸡的制作见"鲜咸味"的"示范料理"），姜蓉酱适量。

制作：

1.将盐水鸡切块。

2.食用时佐以姜蓉酱即可。

梅子酱

原料：

酸梅200克，白糖50克，酸梅汁250毫升，梅醋25毫升，淀粉适量。

制作：

1.酸梅去核洗净，加酸梅汁搅打成浆。

2.锅中加入浆汁、白糖搅拌均匀，慢火烧沸，再加入梅醋，勾芡即可。

特点：

色泽红润，酸甜可口，解酒解腻，主要用于凉拌肉食品。

示范料理：梅子酱蘸五花肉

原料：

五花肉500克，梅子酱、香料、盐各适量。

制作：

1.五花肉洗净，下入加香料、盐的开水锅中煮熟。

2.捞出五花肉切片，食用时蘸梅子酱即可。

梅子糖醋酱

原料：

白糖200克，番茄酱100克，腌梅子75克，醋100毫升。

制作：

1.将腌梅子清洗干净，去核捣碎。

2.锅中放入梅子肉、白糖、番茄酱、醋，添入适量水，慢火烧开即可。

特点：

颜色暗红，酸甜爽口，也可按照个人口味加其他果酱，如草莓酱、甜橙酱等。

示范料理：炸鸡排

原料：

鸡大腿4个，鸡蛋1个，面包屑、面粉、盐、胡椒粉、色拉油各适量。

制作：

1.鸡大腿取肉加胡椒粉、盐、面粉、鸡蛋液上浆，裹匀面包屑。

2.炒锅注油烧至六成热，下入鸡排炸至酥脆，捞出沥油切块。

3.食用时佐以梅子糖醋酱即可。

蒜香果仁酱

原料：

花生米100克，松仁100克，大蒜75克，酱油50毫升，白芝麻、白糖、盐、味精、醋、香油各适量。

制作：

1.将花生米、芝麻、松仁烤熟捣成末，大蒜去皮捣碎。

2.锅中放入酱油、白糖、盐、花生米、芝麻、松仁、蒜末、味精、醋、香油，烧开即可。

特点：

蒜香浓郁，果仁脆香，适于拌凉菜或拌凉面。喜欢香辣口味者，可以加入少量辣椒糊或辣椒油。

臊子酱

原料：

猪肉末200克，大蒜100克，酱油、料酒各100克，白糖、五香粉、黑胡椒粉、色拉油各适量。

制作：

1. 大蒜去皮捣碎。

2. 炒锅注油烧热，下入蒜末炒香，加入肉末炒熟，加入酱油、料酒、白糖搅匀，添入适量清水烧开，最后撒入五香粉、黑胡椒粉搅匀即可。

特点：

有浓郁的肉香和酱香味，主要用于拌面条或拌米饭。

调味蘸酱

原料：

番茄酱25克，葱、姜、蒜、香菜、白糖、盐、辣椒粉、果醋、香油各适量。

制作：

1. 葱、姜、蒜均切末，香菜择洗净切段。

2. 锅中添入适量水，放入番茄酱、白糖、盐、葱末、姜末、蒜末、果醋、辣椒粉烧开搅匀，撒入香菜段，滴入香油即可。

特点：

色泽红润，香辣爽口，可以根据个人口味调整原料配比，主要用于蔬菜或油炸食品、海鲜食品的蘸酱。

榨菜香辣酱

原料：

榨菜200克，辣椒糊100克，番茄酱75克，花生米、盐各50克，白糖25克，大葱、芝麻、胡椒粉、味精、色拉油各适量。

制作：

1. 榨菜、大葱均洗净切末，芝麻炒香；花生米烤脆，去掉红衣捣成末。

2.炒锅注油烧热，下入葱末、榨菜末炒香，加入辣椒糊、番茄酱、白糖、盐翻炒。

3.撒入花生末、芝麻末、胡椒粉、味精炒匀即可。

特点：

颜色暗红，香辣爽口，拌面、拌菜均可，可以根据个人的口味添加酱油或面酱等调料。

凉面酱

原料：

芝麻酱、花生仁各75克，大蒜50克，白糖25克，醋200毫升，花椒、盐、味精、香油、辣椒油、色拉油各适量。

制作：

1.花生仁烤熟去掉红衣捣碎，大蒜捣碎。

2.炒锅注油烧热，下入花椒炸香，取花椒油备用。

3.将花椒油、花生碎、蒜泥、芝麻酱、醋、盐、白糖、味精、香油、辣椒油搅拌均匀即可。

特点：

鲜香麻辣，蒜香浓郁，风味独特。

干面酱

原料：

芝麻酱200克，白糖、花生仁各25克，酱油250毫升，醋100毫升，辣椒粉、香菜、香油各适量。

制作：

1.花生仁烤熟去红衣捣碎，香菜择洗净切碎。

2.将花生碎、芝麻酱、白糖、酱油、醋、辣椒粉混合搅拌均匀，滴入香油，撒入香菜末即可。

特点：

香辣微酸，有芝麻酱的香味，主要用于拌面食。

提示：

将芝麻酱改成甜面酱或蚝油，风味也很独特。

拌面酱

原料：

芝麻酱250克，大蒜、白糖各50克，酱油250毫升，醋50毫升，熟芝麻适量。

制作：

1. 大蒜去皮捣碎。

2. 将芝麻酱、蒜末、白糖、酱油、醋、熟芝麻加适量水，搅拌均匀即可。

特点：

有浓郁的麻酱香味，鲜香微酸，主要用于拌凉面等，食用时可以加入蔬菜丝。

担担面酱

原料：

肉末250克，辣椒酱200克，白糖、大蒜各50克，黄豆、花生仁各25克，酱油200毫升，料酒100毫升，醋25毫升，盐、白胡椒粉、味精、色拉油各适量。

制作：

1. 大蒜去皮捣碎，花生仁烤熟去掉红衣捣碎。

2. 炒锅注油烧热，下入黄豆炸香，捞出沥油。

3. 炒锅留底油烧热，下入肉末、辣椒酱、蒜泥炒香，加入酱油、料酒、白糖、盐、黄豆、花生碎、醋、白胡椒粉、味精搅匀即可。

特点：

香辣、鲜咸、微甜、微酸，有果仁的香味。

提示：

食用时可以加入蔬菜丝。

菠萝酱

原料：

菠萝肉250克，白糖50克，柠檬1个，酱油100毫升。

原料：

菠萝肉250克，白糖50克，柠檬1个，酱油100毫升。

制作：

1. 菠萝肉洗净切小块；柠檬洗净榨汁，取适量柠檬皮切碎。

2. 锅中添入适量清水，放入白糖、酱油、柠檬碎皮、柠檬汁、菠萝块，烧沸3分钟即可。

水果酱

原料：

什锦水果罐头250克，白糖50克，柠檬汁500毫升，淀粉、樱桃各适量。

制作：

1. 水果切块。

2. 锅中添入适量水，放入白糖、柠檬汁、水果块、樱桃烧沸，勾芡，搅拌均匀即可。

特点：

色泽艳丽，果香浓郁，酸甜可口，主要用于冰淇淋、茶点的调味和点缀。

火锅

>>关于中式火锅

◎火锅的历史

涮火锅是我国传统的饮食方式，起源于民间，历史悠久。今天，涮火锅的容器、食物和调味等虽然已经经历了上千年的演变，但是有一点未变，即用火烧锅、用水（汤）导热、煮（涮）食物。这种烹饪方法早在商周时期就已出现，直到明清，涮火锅才真正兴盛。清代的烹饪理论家袁枚在《随园食单》中作了记载，当时除民间火锅外，从规模、设备、场面、食物品种来看，以清代皇室的宫廷火锅最为气派。

◎ 南北的火锅

火锅融汇了我国各族人民的饮食精华，结合各地区文化、气候特点，逐渐形成了南方、北方两种不同的特色。南方地区，气候温暖潮湿，江河纵横，水产丰富，时令蔬菜上市不断，在调味风格上讲究清淡不腻，以突出原料的鲜活

之本味，且注重在加热中调味，在加热后不再调味；而在北方地区，冬春气候寒冷，缺少新鲜蔬菜及鲜活水产，在火锅上涮的多为冷冻品、干货、冻豆腐等，比较注重涮后的调味，以改进原料鲜味的不足。火锅调料是火锅涮食的主要辅料，其质量和风味，直接影响食者的食欲和爱好。制作火锅调料的原料较多，重在选择和调味。

◎ 制作美味火锅的关键

火锅汤卤的调制是火锅制作技术的核心，它决定着火锅的风味，是火锅成败的关键。火锅汤卤的味型多样，熬制方法也不相同。荤卤汤多用骨头汤、生姜、大葱、料酒、鸡精、味精、炒制好的火锅底料以及干辣椒、花椒、菜油等煮制而成，清汤卤可以用素高汤、芹菜、胡萝卜、白萝卜、番茄、海带、黄豆芽等加水煮制1小时后过滤得到。汤卤中可以加各种滋补中药和香料。传统的重庆毛肚火锅是红汤卤，而其他火锅多用清汤卤。随着火锅品种的不断发展，又出现了以酸菜（泡菜）为主料煮制的酸辣味和家常风味的汤卤。有的在汤卤中加重了糖和醋的用量，创制出一种近似荔枝叶型的新型汤卤。特别是一些由风味菜肴演变而成的火锅，因其风味的独特性，使用的调料更为广泛，而且灵活多变，往往采用即时即烹、一锅一料的方法，与传统的红汤、清汤火锅制作有较大的差别。

◎ 火锅美味的缘由

火锅能够在我国众多的饮食中占有一席之地，长盛不衰，是因为它有众多的调料调制出的"好滋味"、"好辛香"，尤其是其汤汁相

当鲜美。

　　无论是红汤卤、白汤卤，所用的原料如鸡、鱼等都十分新鲜，含有多种谷氨酸和核氨酸，这些营养物质在卤汁中互相作用，产生十分诱人的鲜香味，加之配以上乘的调料如醪糟汁、花椒、豆瓣、料酒等，使其鲜味更浓。另一方面，凡入火锅烫食的原料，都很新鲜，无异味，现做现吃。如海鲜火锅中的大虾、海蟹均是采用鲜品。卤汁用料鲜，火锅烫料鲜，真可谓鲜上加鲜，鲜浓味美。

>>火锅的养生吃法

　　吃火锅可以说是人生一大乐事，可是吃火锅不得法，会出现一些偏热症状，甚至引发某些疾病。这里介绍几则吃火锅养生的方法。

◎多放些蔬菜

　　火锅作料不仅有肉、鱼及动物内脏等食物，还必须先后放入较多的蔬菜。蔬菜含大量维生素及叶绿素，其性多偏寒凉，不仅能消除油腻，补充人体维生素的不足，还有清凉、解毒、去火的作用，但放入的蔬菜不要久煮。

◎适量放些豆腐

　　豆腐是含有石膏的一种豆制品，在火锅内适当放入豆腐，不仅能增加多种微量元素的摄入，而且还可发挥石膏的清热泻火、除烦、止渴的作用。

◎加些白莲

　　白莲不仅富含多种营养素，也是人体调补的良药。火锅内适当加入白莲，这种荤素结合有助于均衡营养，有益健康。加入的白莲最好不要抽弃莲子心，因为莲子心有清心泻火的作用。

◎放点生姜

　　生姜能调味、抗寒，火锅内可放点不去皮的生姜，因姜皮辛凉，有散火除热的作用。

◎饮杯清茶

饮茶不仅可解腻清口，而且还有清火作用，但在吃过大鱼大肉的火锅后，不宜马上饮茶，以防茶中鞣酸与蛋白质结合，影响营养物质的吸收及发生便秘。

◎吃些水果

一般来说吃火锅30～40分钟后可吃些水果。水果性凉，有良好的清火作用，餐后只要吃上1～2个水果就可防止"上火"。

>>火锅的油碟、蘸料

火锅重在"口味"，味道的重要因素来自"味碟"，它不仅可刺激食欲，大开胃口，也可使原料香上加香，入口利爽，口感清香润滑，舒适宜人，还可以降低食物温度，有祛火清热的功效。火锅常见的油碟做法有以下几种：

- ■熟菜油、味精、蒜泥、盐各适量，拌匀，分入小碟。
- ■花椒油、香油、味精、盐各适量，拌匀，分入小碟。
- ■香油、姜末、盐、味精、醋各适量，拌匀，分入小碟。
- ■干辣椒粉、火锅汤卤、香菜、盐、味精拌匀，分入小碗。
- ■火锅汤卤、花生碎、盐、味精、葱花拌匀，分入小碗。
- ■青椒末、香菜末、香油、花生碎、盐、味精拌匀，分入小碗。
- ■干辣椒末、盐、味精、黄豆粉、香菜末拌匀，分入小碟。

【素食火锅蘸料】

原料：
素沙茶酱25克，酱油、香菜末、白糖各适量。
制作：
将素沙茶酱加入酱油、糖拌匀，撒入香菜末即可。

韭菜花酱

原料：

韭菜花200克，盐100克，姜适量。

制作：

1. 韭菜花择洗净沥干，姜去皮切末。

2. 韭菜花加盐搅匀腌渍1天，再加入姜末搅匀，用搅拌机打成泥，置于容器中保存1星期即可。

特点：

颜色深绿，有浓郁的韭菜香味，是食用涮羊肉的主要调料之一。

涮羊肉调料

原料：

配方一

芝麻酱150克，韭菜花50克，腐乳25克，大葱、香菜、酱油、醋、料酒、辣椒油、香油各适量。

配方二

芝麻酱150克，韭菜花50克，腐乳汁100克，糖蒜、大葱、香菜、醋、酱油、料酒、白糖各适量。

制作：

1. 大葱、香菜洗净切末；腐乳加适量腐乳汁碾成泥；糖蒜去蒜皮，蒜瓣切末。

2. 芝麻酱加适量水调稀，依次加入酱油、醋、料酒、辣椒油（香油）、白糖、腐乳、韭菜花搅匀，最后撒入葱末、香菜末、糖蒜末即可。

酸菜火锅调料

原料：

红方腐乳250克，大蒜25克，酱油100毫升，料酒25毫升，香葱、香菜、芝麻酱、虾油、香油各适量。

制作：

1. 大蒜去皮捣成泥，香葱、香菜分别择洗净切末。

2.腐乳加适量腐乳汁、水调成腐乳酱汁，再加入酱油、料酒、芝麻酱、虾油、香油，边加边搅，防止调料结块，最后撒入葱末、香菜末、蒜泥搅匀即可。

特点：

颜色粉红，腐乳香浓。

【肥牛调味料】

原料：

芝麻酱250克，韭菜花200克，腐乳150克，白糖25克，虾油、料酒各25毫升，大葱、香菜、味精、盐各适量。

制作：

1.大葱、香菜择洗净切末，腐乳加适量腐乳汁碾成泥。

2.芝麻酱添入适量水调稀，加入白糖、腐乳搅匀，再依次加入虾油、料酒、韭菜花，边加边搅，最后撒入葱末、香菜末即可。

特点：

有芝麻酱及腐乳的混合香味，鲜香、微甜、微咸。

【鱼香调料】

原料：

豆瓣辣酱250克，泡辣椒100克，姜、蒜各25克，白糖、醋、色拉油各适量。

制作：

1.蒜去皮捣碎，姜去皮洗净切碎，泡辣椒切段。

2.炒锅注油烧热，下入豆瓣辣酱、姜末、蒜泥炒香，加入泡辣椒末、白糖、醋、适量火锅汤汁搅匀即可。

特点：

有浓郁的鱼香味，香辣咸鲜、微酸、微甜，主要用于川味火锅。

>>火锅的汤卤

吃火锅，高汤很重要，有了它提鲜提味，火锅底汤才更美味。那么，如何才能熬出一锅鲜美的高汤呢？

骨汤

原料：

猪棒骨200克，火腿200克，料酒100克，大葱50克，生姜、八角、桂皮、小茴香、砂仁、豆蔻、香叶各适量。

制作：

1. 将香辛料包入纱布中。

2. 锅内添入适量水，放入香料包，加入棒骨等其他原料烧沸，慢火熬4小时，过滤即可。

鲜汤

原料：

净母鸡1只，猪肘1000克，猪瘦肉250克，葱段50克，姜片25克，料酒50毫升，盐、味精、胡椒粉各适量。

制作：

1. 鸡取胸脯肉切块，猪肉切块。

2. 用开水将鸡骨架和肘子焯水，捞出刮洗过后再次放入锅中，添适量清水烧开，撇去浮沫，加入葱姜，以小火煮至鸡骨架和肘子软烂，捞出备用。

3. 将煮好的汤撇去浮油，滤去渣，烧开，加入料酒、猪肉块、鸡肉块，小火烧片刻，加入盐、味精、胡椒粉即可。

奶汤（白汤）

原料：

净母鸡1只，净猪肘1000克，猪腿骨100克，葱段50克，姜片25克，料酒50毫升，盐、味精、胡椒粉各适量。

制作：

1. 将母鸡、猪肘、猪腿骨放入开水锅中煮一下，捞出刮洗净。

2. 锅中添适量水，放入鸡、肘子和猪腿骨烧沸，撇去浮沫，加入葱、姜，用大火煮开。

3. 煮至汤白如奶时，滤去渣和骨即可。用时再加入盐、味精、胡椒粉、料酒调味。

清汤

原料：

净母鸡1只，葱段50克，姜片25克。

制作：

1. 将母鸡剁成大块，放入开水锅中煮一下，捞出冲净。

2. 锅中添适量清水，放入鸡块烧开，撇去浮沫，加入葱、姜，用中火炖至鸡肉熟烂即可。

提示：

1. 熬汤时，一开始要加入足够的凉水，不宜用热水，不宜中途加水，细熬慢炖，才更美味。

2. 注意保温。熬好的汤应放在火锅旁，保持一定温度，盛汤的容器要盖上盖，以减少营养成分蒸发散失。

鱼味火锅清汤

原料：

母鸡肉、猪排骨、棒子骨各500克，鲫鱼5条，生姜、盐、胡椒粉各适量。

制作：

1. 鲫鱼去鳞、腮、肠杂洗净，生姜切片。

2. 锅中添入适量清水，放入生姜片、鲫鱼慢火熬制，待汤有鲜味时盛出。

3. 另锅添入适量水，放入母鸡肉、猪排骨、棒子骨慢火熬至汁浓。

4. 将鱼汤、鸡汤混合，撒入盐、胡椒粉调味即可。

提示：

制作清汤的关键：

1. 原料一定要新鲜，无异味。

2. 水要一次性加足，中途不可加水，否则鲜味不足。

3. 慢火煲制的火候不宜太大，以汤在锅中似开非开为度，否则汤会浑浊。

火锅红汤

原料：

配方一

郫县豆瓣酱175克，豆豉100克，冰糖、辣椒节、姜末各50克，花椒、盐、料酒各25克，醪糟汁、清汤、牛油各适量。

配方二

牛肉200克，豆瓣125克，姜末、豆豉各50克，冰糖、干辣椒各25克，盐、料酒、醪糟汁、牛肉汤各适量。

配方三

豆瓣酱、大蒜各200克，老姜100克，豆豉、冰糖各50克，干红辣椒、花椒各25克，盐、料酒、醪糟汁、鸡汤、牛油、香油各适量。

制作：

1.炒锅注油（牛油或其他油）烧热，下入豆瓣、姜片、豆豉炒至红色，添入汤烧开。

2.加入料酒、醪糟汁、辣椒、花椒、盐、冰糖等原料熬至汤浓即可。

川味火锅底料

原料：

郫县豆瓣酱250克，料酒、醪糟汁、豆豉、冰糖各50克，姜、盐、干辣椒各25克，花椒、胡椒粉、骨汤、牛油、色拉油各适量。

制作：

1.豆瓣剁末，姜切末，冰糖捣碎。

2.炒锅注油烧至六成热，下入豆瓣、姜末、花椒炒香，添入骨汤，加入其他原料煮沸即可。

特点：

汤汁浓稠，颜色乳白，麻辣适口。

〔酸菜鱼火锅料〕

原料：

净鲫鱼、泡青菜各500克，老姜、粉条各150克，盐、胡椒粉、泡辣椒、葱段各50克，味精、鲜汤、色拉油各适量。

制作：

1.泡辣椒切末，泡青菜切节；鲫鱼去鳞、腮、内脏洗净沥干，下入鲜汤火锅中，熬至汤汁浓厚。

2.炒锅注油烧热，下入姜片、葱段、泡辣椒、泡青菜炒香，倒入火锅汤中煮片刻，撒入盐、胡椒粉、味精即可。

特点：

汤鲜味厚，鲜美可口。

>>各地火锅大集合

〔重庆麻辣火锅〕

最佳涮料：

青菜（油菜、卷心菜、菠菜等）、牛毛肚、牛肚、黄牛瘦肉、牛脊髓、葱段等。

锅底料：

牛肉汤1500毫升，熟牛油200克，豆瓣100克，醪糟汁100毫升，辣椒、姜末各50克，辣椒粉、豆豉各25克，料酒、干辣椒、盐、花椒各适量。

蘸料：

香油、味精各适量，混合均匀即可，其他调料可依个人口味而定。

制作：

1.牛毛肚漂洗干净，片成长薄片，用凉水浸泡；牛肚、黄牛瘦肉均片成片；青菜洗净撕成片，豆豉、豆瓣剁末。

2.炒锅注牛油烧热，放入豆瓣炒酥，加入姜末、辣椒粉、辣椒、花椒炒香，倒入牛肉汤煮沸，再加入料酒、豆豉、醪糟汁。

3.待烧沸出味，撇尽浮沫，倒入火锅中，下入处理好的涮料，配蘸料上桌即可。

特点：

极品麻辣火锅的代表作，活血通络，暖胃健脾。

四川水煮鱼火锅

最佳涮料：

净草鱼1条（约750克），青菜、肉片等。

锅底料：汤1250毫升，色拉油750毫升，鸡蛋1个、料酒、盐、葱段、姜末、蒜末、味精、胡椒粉、花椒、干辣椒各适量。

蘸料：

芝麻酱50克，蒜泥、香油、味精、盐各少许，混合均匀即可，配比也可依个人口味而定。

制作：

1.将鱼头、鱼尾切下备用，鱼去皮取肉，片成片，用盐、料酒、姜末腌约15分钟；辣椒洗净切成小段，花椒洗净剁碎。

2.点燃火锅，添适量水，放入鱼头、鱼尾、鱼皮，加料酒、部分葱姜煮熟，再放入鱼肉片烧沸。

3.炒锅注油烧热，放入辣椒段、花椒、剩余葱姜蒜炒香，倒入鱼锅内，下入火锅菜涮食即可。

特点：

雪白的鱼肉漂在火红浓汤中，色彩分明，诱人食欲，鲜辣味尤为突出，同川味名菜"水煮鱼"有异曲同工之妙。

四川鸳鸯火锅

最佳涮料：

牛百叶条、生鱼片、猪肉片、鱼丸、羊肉片、菠菜段、笋片、水发粉丝等。

锅底料：

鸡汤、牛肉汤、清汤各1000克，火锅调味料1包，猪肉蓉、鸡肉蓉各100克，牛油、郫县豆瓣辣酱、永川豆豉、醪糟汁各25克，白酱油、冰糖、料酒、盐各15克，红辣椒末、姜末、花椒、味精各适量。

蘸料：

芝麻酱50克，蒜泥、辣椒油、鲜酱油各适量，配比也可依个人口味而定。

制作：

1. 将鸡汤、牛肉汤、牛油、冰糖、红辣椒末、姜末、花椒、盐、豆瓣辣酱、豆豉、醪糟汁放入锅中煮沸，制成红汤卤。

2. 将清汤、750毫升清水、猪肉蓉、鸡肉蓉、料酒、白酱油、盐、味精放入另一锅中煮沸，制成白汤卤。

3. 将红汤卤、白汤卤倒入火锅两腔内。

4. 点燃火锅，煮沸汤汁，下入涮料烫食即可。

特点：

这是南北火锅店中点击率最高的火锅，深受人们欢迎。将红汤、白汤共置一锅，品尝一种火锅可以感受两种截然不同的味道，让喜辣与不喜辣的朋友都能欢聚一席共同分享美味。

四川药膳火锅

最佳涮料：

牛瘦肉片、牛肝片、鱼丸、毛肚片、豆腐干、菠菜段、土豆片、平菇片、午餐肉片、水发粉丝、水发海带丝等。

锅底料：

清汤1500克，葱花100克，菜油、醪糟汁、豆瓣酱各75克，牛油、姜末、泡辣椒各25克，蒜末、红枣各15克，当归、枸杞子、盐、花椒、黄芪、人参、甘草、味精各适量。

蘸料：

老抽、白糖、香油、酱油各适量，混合均匀即可，配比可依个人口味而定。

制作：

1.沙锅中放入人参、黄芪、当归、枸杞子、红枣、甘草，添适量水熬30分钟，滗出药液。

2.炒锅注油烧至四成热，下入豆瓣酱、泡辣椒炒香，加入蒜末、姜末、葱花、花椒略炒，烹入醪糟汁、盐、清汤煮沸，再加入牛油、药液，撇去浮沫。

3.倒入火锅中煮沸，撒入味精，下入涮料烫食即可。

【四川毛血旺火锅】

最佳涮料：

鸭血旺、黄豆芽、猪肉、鳝鱼片、火腿肠、水发木耳、卷心菜等。

锅底料：

葱段50克，色拉油50毫升，干辣椒、料酒、味精、盐、花椒各适量，火锅底料3包。

蘸料：

鸡蛋清1个，蒜泥、香油、盐、味精各适量，混合均匀即可，配比可依个人口味而定。

制作：

1.鸭血旺洗净切成条，下入沸水锅中焯一下捞出；黄豆芽择洗净，火腿肠、猪肉均切片，卷心菜洗净切片，干辣椒洗净切段。

2.锅中添入适量水，放入火锅底料熬出味，加入盐、味精、料酒、鸭血旺、黄豆芽、猪肉片、鳝鱼片、火腿肠片、白菜片、木耳、葱段煮至断生，起锅装入火锅内。

3.炒锅注油烧至六成热，分别下入干辣椒、花椒炸香，浇入火锅中煮开即可。

提示： 血旺很容易买到，如果想自己做，也很简单：将血（鸡血、鸭血、猪血等）倒入沸水锅中焯一下（或盛在碗中放入开水煮），成型后捞出即可。

【东北涮羊肉火锅】

最佳涮料：

羊肉片、酸菜、白菜、菠菜、冻豆腐、水发海米、水发粉丝等。

锅底料：

清汤1000毫升，人参、当归各15克，料酒、葱段、姜块、盐、味精各适量。

蘸料：

芝麻酱50克，腐乳1块，蒜泥、辣椒油、酱油各适量，混合均匀即可，配比可依个人口味而定。

制作：

1.酸菜洗净沥干切条，白菜择洗净切条，菠菜择洗净切段，冻豆腐切块，水发粉丝切段。

2.人参、当归洗净，装入纱袋，放入高压锅中，加入葱段、姜块及适量水，烧沸约10分钟，熄火，拣去葱段、姜块。

3.火锅中添入汤，放入海米、酸菜丝烧沸，加入料酒、盐、味精搅匀，再放入其他涮料烫食即可。

【东北肥肠火锅】

最佳涮料：

羊肉片、熟肥肠、酸菜、水发粉丝、冻豆腐、海米等。

锅底料：

高汤1000克，香菜段、葱花、韭菜花、姜末、盐、味精各适量。

蘸料：

芝麻酱50克，腐乳1块，蒜泥、辣椒油、酱油各适量，混合均匀即可，配比可依个人口味而定。

制作：

1.冻豆腐入水泡透，取出沥干水分切块；熟肥肠切片，酸菜切条。

2.火锅添入高汤，放入盐、味精、葱花、姜末、韭菜花、海米烧开，涮料随吃随添。

特点：

味美鲜香，肥而不腻。

提示：

冻豆腐、韭菜花是东北人常用的食材，与酸菜并列为东北火锅三大当红配角。

东北酸辣豆腐火锅

最佳涮料：

熟猪肉丝、青菜等。

锅底料：

清汤1000毫升，冻豆腐1000克，水发木耳100克，香油、醋、香菜、胡椒粉、葱花、姜末、盐、味精各适量。

制作：

1. 将冻豆腐放入清水中泡透，捞出沥干水分切片；水发木耳择洗干净切丝，香菜、青菜择洗干净切末。

2. 火锅中添入清汤，放入姜末、葱花、木耳丝、豆腐片、盐煮沸片刻。

3. 加入香菜末、胡椒粉、醋、香油、味精搅匀，下入熟猪肉丝、青菜烫食即可。

广东啤酒鱼火锅

最佳涮料：

黑鱼1条，火腿、水发香菇块、莴笋、水发粉丝等。

锅底料： 清汤1000毫升，潮州酸菜350克，啤酒300毫升，料酒、盐、葱段、姜、胡椒粉各适量。

蘸料：

老抽、香油各适量，配比可依个人口味而定。

制作：

1. 黑鱼取肉切块，潮州酸菜洗净切小段，水发粉丝切段，火腿、莴笋、姜切片。

2. 炒锅注油烧至七成热，下葱段、姜片爆香，放入黑鱼块略炒，烹入料酒，加入莴笋片、香菇块、火腿片、清汤，炖至汤汁浓白、鱼肉半熟。

3. 火锅中放入鱼肉、火腿片、水发香菇块、莴笋片、水发粉丝、一半煮鱼汤、潮州酸菜段、盐及适量开水，烧至鱼肉熟透，加入胡椒粉和150毫升啤酒即可。烫食过程中可不断添汤和啤酒。

湖南毛肚莲子火锅

最佳涮料：

净牛毛肚、净猪腰、肥肠、水发香菇、水发木耳、黄豆芽、净鸡胗、净鸡翅等。

锅底料：

清汤1500克，莲子100克，牛油50克，葱段、姜片、蒜片、花椒、胡椒、味精各适量。

制作：

1.莲子泡发去心，牛毛肚切块，猪腰切大片，肥肠洗净切段，鸡胗剞十字花刀，水发香菇、木耳切块，黄豆芽洗净。

2.火锅中放入清汤、牛油、葱段、姜片、蒜片、花椒、胡椒煮沸，去除花椒，加入莲子焖片刻，撒入味精搅匀，下入涮料烫食即可。

提示：

肥肠的处理方法：将肥肠用盐反复揉搓，去除黏液，再用水反复清洗，并翻出有油的一面，将油刮去即可。

湖南鲜鱼辣味火锅

最佳涮料：

净鲢鱼肉、净白鱼肉、水发海参、净虾、熟鸡肉、白肉、菠菜、水发粉丝、冬笋、冬菇、火腿等。

锅底料：

清汤1500克，辣椒油、料酒、盐、胡椒粉各适量。

蘸料：

芝麻酱50克，腐乳1块，辣椒油、韭菜花、香油各适量，混合均匀即可，配比可依个人口味而定。

制作：

1.将净鲢鱼肉、净白鱼肉、水发海参、熟鸡肉、白肉、冬菇、火腿分别切薄片，菠菜、水发粉丝洗净切段；冬笋去皮切成片；将处理好的涮料依次摆入火锅中。

2.锅中添入清汤、辣椒油、胡椒粉煮沸，制成调味汤，再加入盐、料酒搅匀煮开即可。

京味涮羊肉火锅

最佳涮料：

嫩羊肉片、白菜、水发粉丝、海米、香菜等。

锅底料：

清汤2000毫升，盐、味精、料酒、葱、姜、胡椒粉各适量。

蘸料： 芝麻酱50克，腐乳1块，蒜泥、韭菜花、香菜段、酱油、醋各适量，混合均匀即可，配比可依个人口味而定。

制作：

1. 将白菜择洗干净切长条，海米放入水中泡发。

2. 火锅中放入清汤、海米，点燃煮沸，再放入羊肉片涮熟，最后放入其他涮料配蘸料食用即可。

特点：

北方的名品火锅，做法简单，汤味清鲜悠长，羊肉味道极鲜嫩，补肾益气壮阳。

京味酸菜牛肉火锅

最佳涮料：

牛脊肉、牛肚片、酸菜、冻豆腐、水发粉丝、蛎黄、河蟹等。

锅底料：

清汤2000毫升，香菜、盐、味精各适量。

蘸料：

腐乳1块，辣椒油、韭菜花酱、酱油、香油各适量，混合均匀即可，配比可依个人口味而定。

制作：

1. 酸菜洗净切丝，水发粉丝、香菜切段；冻豆腐放入清水中泡透，捞出沥干水分，切成排骨片；河蟹洗净切块，蛎黄择洗干净，牛脊肉切片。

2. 火锅中放入清汤、酸菜丝、香菜段、蛎黄、河蟹块、盐、味精煮沸，再放入其余涮料烫食即可。

特点：

汤底鲜香，酸爽开胃。

京味涮肚火锅

最佳涮料:
猪肚尖、青菜、蘑菇、水发粉丝等。
锅底料:
清汤1000毫升、葱段、姜末各适量。
蘸料:
辣椒油、酱油、醋、白糖各适量,混合均匀即可,配比可依个人口味而定。

制作:
1.青菜洗净切丝,蘑菇择洗干净撕成条,粉丝洗净切段,猪肚尖切薄片。
2.将酱油、姜末、醋、白糖放入小碗中调匀。
3.火锅中倒入清汤烧沸,下入肚片、其他涮料煮熟,配以蘸料食用即可。

京味牛肉火锅

最佳涮料:
牛肉、净牛肚、莴笋等。
锅底料:
清汤1000毫升,料酒50毫升,盐、葱花、姜片、味精、咖喱粉、红枣各适量。
蘸料:
甜面酱、芝麻酱、蒜末各适量,混合均匀即可,配比可依个人口味而定。

制作:
1.牛肉切小块,牛肚切条,下入开水锅中焯片刻,捞出洗净;莴笋去皮切片,放入开水锅中煮熟。
2.锅中放入牛肉块、牛肚条、葱段、姜片、红枣、料酒及适量水,煮至牛肉熟烂,取出切片,再同牛肚条、牛肉汤一同倒入火锅中。
3.加入笋片、盐、味精、咖喱粉、清汤煮沸,加盖焖约5分钟,撒入葱花即可。

上海番茄养生火锅

最佳涮料：

牛肉片、毛肚、土豆、玉兰片、黄豆芽、绿
叶菜等。

锅底料：

牛肉汤2000毫升，番茄、葱、姜、胡椒粉、
味精、盐各适量。

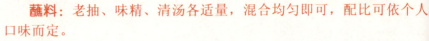

蘸料： 老抽、味精、清汤各适量，混合均匀即可，配比可依个人
口味而定。

制作：

1.将番茄洗净，土豆去皮洗净，毛肚洗净，同水发玉兰片分别切
薄片；黄豆芽和绿叶菜洗净沥水，姜切片，葱切段。

2.火锅中放入牛肉汤、葱段、姜片、胡椒粉和盐烧沸。

3.加入番茄片烧沸片刻，撇去浮沫，撒入味精，下入涮料煮熟即
可食用。

特点：

汤汁红亮，富含维生素、蛋白质，有滋补强身、养肝益血、健胃
消食、生津降压、补脾益气等功效；经过番茄汤底涮出来的牛肉，鲜
咸微酸，别具风味。

淮扬白菜火锅

最佳涮料：

白菜、水发粉丝、海米等。

锅底料：

清汤1000毫升，植物油25克，料酒、盐、味精各适量。

制作：

1.白菜洗净撕成片，粉丝切段；海米放入碗中，加入料酒、温水
浸泡20分钟，捞出洗净。

2.炒锅注油烧至七成热，放入白菜煸炒，加入清汤、海米，盖盖
煮沸。

3.倒入火锅中，加入粉丝、盐、味精，点燃，盖盖，焖约5分钟
即可食用。

云南杂菜火锅

最佳涮料：

白菜、土豆、胡萝卜、豌豆苗、冻豆腐、水发豆腐皮、水发粉丝、水发香菇等。

锅底料：

肉高汤1000毫升，水淀粉25克，盐、葱花、姜末、胡椒粉、味精各适量。

制作：

1.白菜洗净切段，豌豆苗择洗净，土豆去皮洗净切块，水发粉丝切段，胡萝卜切条。

2.冻豆腐化好，加入盐、水淀粉、葱花、姜末，捣成泥，制成豆腐丸，下入油锅炸熟。

3.火锅中放入肉高汤、盐、胡椒粉、味精煮沸，先下土豆块略煮，再下白菜段、水发粉丝、胡萝卜段、香菇片、豆腐皮，最后下入豆腐丸子，撒入豌豆苗即可。

特点：

云南火锅常以新鲜蔬菜为主料，色香味俱全，这款火锅口味清淡，补气健脾。

西 式 滋 味

关于西式调味料

>>西式调味料常用的香料及奶制品
◎百里香(Thyme)

百里香又称贪草，长在多岩石的坡，在法国栽种的品种与欧洲其他地区出产的不同，株细叶小带灰绿色，甜中带少许辛辣味，常用于汤羹、酱汁、腌泡烤肉等菜式。

◎它里根(Tarragon)

它里根又称龙蒿，叶子小而修长，且味道浓厚，多用于酱汁、腌泡和色拉之用，适宜各式肉类搭配。

◎细香葱(Chives)

细香葱外形细长、颜色翠绿，味道好似葱头，适宜切碎后放在汤羹中调味或用于色拉中。

◎鼠尾草(Sage)

鼠尾草又称西子，叶子厚实，颜色深绿，带有强烈气味及少许苦味，适宜切碎拌到肉馅中或烧烤之用。

◎罗勒香草(Basil)

罗勒香草又称巴西草，原产于地中海地区，叶细，气味清新，接近茉莉花香，常用于伴碟色拉中，是制作意大利菜肴不可缺少的香料。

◎奥里根努香草(Oregano)

奥里根努香草是一种绿色短叶香草，气味浓烈，常用于各式肉类、汤、馅料和面食、酱汁当中。

◎迷迭香香草(Rosemary)

迷迭香又称露斯玛丽，原产于地中海地区，梗粗，叶细长，香味浓郁，常用于肉类及野味类菜肴的腌制与烹调。

◎莳萝香草(Dill)

莳萝香草又称刁草，味香带甜，其根部可以用于制作各种色拉、配菜，也经常用于腌泡各式海鲜及酱汁的制作。

◎ 月桂香叶(BayLeaf)

月桂香叶又称为香叶，通常使用的是干的叶子，其使用方法广泛，例如制作汤类、酱汁、煮烩等菜式中。

◎ 大叶芫茜(Coriander)

大叶芫茜又称香菜，原产于阿拉伯国家，我国很早就已引入，主要适用于汤羹，也可将其叶子晒干后切碎腌渍，给各式肉类调味。

◎ 番茜(Parsley)

番茜又称西香菜，原产于法国，是一种营养含量丰富的香草，适用广泛，例如汤、色拉、热菜和调味之用等。

◎ 薄荷(Mint)

薄荷原产阿拉伯，是一种颜色鲜绿、根粗叶细的香草，味道清新，带少许辛辣味，主要适用于制作酱汁、色拉、热菜及甜品等。

◎ 柠檬草(Lemongrass)

柠檬草原产东南亚，气味芳香，带有柠檬的味道，主要适用于切碎后腌渍各式肉类、海鲜及制作酱汁等。

◎ 香草栋(Bouquet-Garn)

香草栋又称香草扎，是由百里香、番茜草、香叶、西芹用绳子捆扎而成，适用于各种汤汁、煮汁及煮烩式菜肴之中。

◎ 金银笔芝士(Camembert)

世界上著名的奶酪之一，产地是法国诺曼底，是以牛乳制造，属于软芝士，带少许香草或蘑菇的气味，多用于芝士盘、小食，餐后与面包一同进食。

◎ 罗克福芝士

罗克福芝士产于法国的罗克福地区，是世界著名的奶酪之一，其颜色白如熟蛋清，内带蓝绿色纹理，好似霉菌；口味香浓带咸味、略带臭味、微妙复杂，多用于色拉酱小食及餐后与面包同食。

◎ 大孔芝士

大孔芝士产于法国和瑞士。因其形状有洞故称之为大孔，口感香浓，适宜制作芝士盘、小食，因其融化后口感更佳，所以也用于热菜当中的烤、焗式菜肴等。

◎ 毛莎芝士

毛莎芝士又称为比萨芝士，产于意大利，口感清淡、色白，适用于制作各式意式色拉、薄饼等。

◎ 巴美臣芝士

巴美臣芝士产于意大利的巴美臣地区，是一种著名的硬干酪，其口感香浓、鲜美，是意大利面食的必备调料，也常用于色拉面食及意式米饭当中。

◎ 山羊奶酪

是一种产于法国并用羊乳提炼的奶酪，味道浓烈，带有强烈的羊膻味，常用于餐前小食、特式比萨等菜式中。

◎ 奶油芝士(Cream)

原产地为英国，现全球都有生产，口味香滑细腻，适用于制作各式开胃小吃、三明治及甜品。

◎ 车达芝士(Cheddar)

是一种产于英国的半硬奶酪，口味清淡，适用于制作芝士盘或热菜中的烤、焗及各式汉堡三明治等。

◎格鲁耶奶酪

一种产于瑞士的奶酪，口味及加工技艺类似于大孔芝士，味道略浓，常用于配各式意大利面以及闻名于世的著名的瑞士火锅。

◎福达芝士

福达芝士是一种产于希腊的软芝士，口味清淡，常用于制作色拉芝士盘及开胃小食等。

>>西式调味的精华——高汤
◎ "高汤"是酱料的基础

高汤是兽肉或兽骨、禽肉或禽骨、鱼肉或鱼骨、蔬菜等经长时间熬煮而成，其精髓释出在汤中，除了可用于煮汤，更是制作酱料的辅料。

◎熬煮高汤的秘诀

熬煮高汤时，食材须从凉水开始煮，水和食材有一定的比例，一经变动就会产生变化。熬煮时，用慢火充分将其精髓熬出，不需加盐，但要不时撇去浮沫。此外，每一种高汤都有一定的熬煮时间，熬得过久会使高汤释出杂质，变得浑浊；熬的时间不够，又熬不出精髓，所以时间的掌控是相当重要的。

◎熬出好高汤的幕后功臣

高汤的用材，包括骨头和肉块、蔬菜、香料。

为高汤选购骨头时，第一个考虑是新鲜，焯过后再熬煮。由于高汤忌油，除了在熬煮过程中不时捞除浮油外，在熬煮前就要先把一些肉块去皮。

高汤中所使用的蔬菜，常用葱头、西芹和胡萝卜。至于香料，通常包括百里香、月桂叶、巴西里。在使用时，可将香料切碎置于香料袋中，放入锅中熬煮。

牛高汤

原料：

牛大骨3000克。

香料包：

西芹2根，红萝卜、番茄各1个，白菜1/4棵，葱头2个，蒜10瓣，月桂叶3片，百里香15克。

制作：

1. 锅内添6000~7000毫升凉水，放入牛大骨煮开，转小火，不时捞除表面浮渣。

2. 放入香料包，煮5小时后过滤即可。

红高汤

原料：

鸡骨、鸡爪、鸡翅等3000克。

香料包：

百里香15克，蒜10瓣，月桂叶3片，西芹2根，葱头2个，红萝卜、番茄各1个，白菜1/4棵。

制作：

所有原料放入锅中，添6000~7000毫升凉水，慢火煮4小时即可。

蔬菜高汤

原料：

葱头125克，白菜100克，西芹、蒜、胡萝卜各75克，白萝卜、番茄各50克，橄榄油50克。

制作：

1. 所有蔬菜切细。

2. 将葱头、蒜放入油中稍炒。

3. 将所有蔬菜放入锅中，添4000毫升凉水，慢火煮1.5小时，过滤即可。

最具代表性的西式调味料和菜肴

【黑胡椒】——黑胡椒酱汁、铁扒牛小排

【黑胡椒酱汁】

原料:

牛高汤250毫升,奶油25毫升,辣酱油15克,葱头末、蒜末、玉米粉、糖、盐、黑胡椒粉各适量。

制作:

1.锅中放入奶油烧热,下入葱头末炒软,撒入黑胡椒粉炒香。

2.加入牛高汤、辣酱油、蒜末、玉米粉、糖、盐煮沸即可。

示范料理：铁扒牛小排

原料:

带骨牛排2片,薯条10根,小番茄3个,西兰花1朵,鸡蛋1个,葱头丝25克,蒜末、黄油、鸡粉、淀粉、黑椒碎、白兰地、黑胡椒汁、色拉油、黄油各适量。

制作:

1.牛小排加黑椒碎、鸡粉、淀粉略腌。

2.煎锅注油烧热,下入牛排煎至嫩熟。

3.铁板注油烧热,打入鸡蛋,撒入葱头丝,摆好西兰花、小番茄、薯条,放入牛排、黄油,滴入适量白兰地,食用时佐以黑胡椒汁即可。

特点: 颜色金黄,肉质滑嫩,蒜香味浓。

【白酱】——白酱烤生蚝

【白酱】

原料:

面粉50克,蒜2瓣,葱头1/2个,鲜奶500毫升,鲜奶油50毫升,

白酒、西芹碎、巴西里碎、百里香、月桂叶、
俄力冈各适量。

制作：

1.蒜、葱头均切碎。

2.炒锅注适量奶油烧热，下入葱头末、蒜末、月桂叶炒香，再下
入面粉和其余原料炒匀即可。

示范料理：白酱烤生蚝

原料：

生蚝300克，蒜泥、生抽、盐、鸡精、黑胡椒、
白胡椒、白酱、色拉油各适量。

制作：

1.生蚝洗净去一半壳。

2.将蒜泥、生抽、盐、鸡精、黑胡椒、白胡
椒、白酱、色拉油调成味汁。

3.将味汁浇入生蚝中，入烤箱烤熟即可。

【奶酪汁】——奶酪汁焗虾仁

奶酪汁

原料：鱼高汤、奶油、牛奶各200毫升，奶酪末、面粉、糖、
盐、黑胡椒粉各适量。

制作：

1.炒锅注奶油烧热，放入面粉炒至颜色金
黄，熄火。

2.添入牛奶、鱼高汤煮开，加入奶酪末、
糖、盐、黑胡椒粉搅匀即可。

提示：

面粉炒后熄火再加鲜奶，可避免结颗粒。

示范料理：奶酪汁焗虾仁

原料：

虾仁200克，干葱头、盐、白胡椒粉、奶油、奶酪汁各适量。

制作：

1.虾仁洗净，下入开水锅中焯一下，捞出沥干，加盐、白胡椒粉略腌。

2.炒锅注奶油烧热，下入干葱头炒香。

3.将虾仁置于烤盘中，浇入奶酪汁，加入干葱头，入烤箱烤至颜色金黄即可。

提示：

焗烤时底盘最好放少许水，隔水加热效果好。

【西式黄油面粉】——奶油蘑菇浓汤

西式黄油面粉

原料：
面粉、黄油各500克，香叶3片。
制作：
1.炒锅注黄油烧热，下入香叶炒香，加入面粉。
2.取出香叶，以文火将面粉炒至颜色淡黄即可。

示范料理：奶油蘑菇浓汤

原料：

口蘑5朵，火腿2片，盐、西式黄油面粉、奶油、牛奶各适量。

制作：

1.口蘑、火腿均切成碎末。

2.锅中注奶油烧热，下入西式黄油面粉略炒，添入牛奶、适量水，加入口蘑末、火腿末煮开，撒入适量盐即可。

西式经典调味料

>>调味汁

牛奶蛋黄汁

原料：

奶油50克，生蛋黄25克，牛奶750毫升。

制作：

1. 蛋黄加奶油搅匀。

2. 锅中添入牛奶烧开，缓缓浇入蛋黄奶油，调匀即可。

芒果猪排调味汁

原料：

芒果200克，鸡清汤250毫升，蒜、红辣椒、罗勒碎、糖、盐、黑胡椒粉、辣酱油、色拉油各适量。

制作：

1. 芒果去皮去核打成泥，蒜、红辣椒切末。

2. 炒锅注油烧热，放入蒜末、红辣椒、罗勒碎略炒，加入鸡汤、糖、辣酱油煮开，转小火，放入芒果泥，煮至汁液浓稠，撒入盐、黑胡椒粉即可。

示范料理：芒果猪排

原料：

猪里脊肉4片，面粉50克，盐、芒果猪排调味汁、色拉油各适量。

制作：

1. 猪里脊肉洗净，加盐略腌，裹匀面粉。

2. 平底锅注油烧热，下入猪排煎至金黄色，取出置于盘中。

3. 浇入芒果猪排调味汁即可。

香煎菲力牛排调味汁

原料：

熏肉1片，牛高汤350毫升，葡萄酒25毫升，柠檬汁15毫升，葱头、蒜、百里香、迷迭香、月桂叶、黑胡椒粉、红椒粉、芥末酱、辣椒酱、蜂蜜、奶油各适量。

制作：

1. 熏肉、葱头、蒜均切末。

2. 锅中注入奶油烧热，加入熏肉末、葱头末、蒜末、黑胡椒粉、月桂叶、百里香、迷迭香炒香。

3. 烹入葡萄酒略烧，添入高汤煮开，加入芥末酱、蜂蜜、红椒粉、辣椒酱，煮至浓稠即可。

示范料理：香煎菲力牛排

原料：

菲力牛排200克，盐、黑胡椒粉、香煎菲力牛排调味汁、色拉油各适量。

制作：

1. 菲力牛排加黑胡椒粉、盐、橄榄油略腌。

2. 煎锅注油烧热，下入牛排煎至两面红褐，浇入调味汁即可。

蝴蝶面鸡肉色拉调味汁

原料：

柠檬汁、盐、黑胡椒粉、色拉油各适量。

制作：

将柠檬汁加盐、黑胡椒粉、色拉油搅拌均匀即可。

示范料理：蝴蝶面鸡肉色拉

原料：

意大利蝴蝶面400克，鸡胸肉200克，生菜、蒜、葱头、胡萝卜、西芹、奶酪、蝴蝶面鸡肉色拉调味汁、色拉油各适量。

制作：

1. 生菜、西芹择洗净切小块，蒜、葱头、胡萝卜洗净切片，分别下入开水锅中焯熟，捞出沥干；鸡肉切小块。

2. 炒锅注油烧热，下入鸡肉滑油，捞出沥油；蝴蝶面煮熟，捞出沥干，加色拉油拌匀。

3. 蝴蝶面加入鸡肉块、蔬菜、乳酪，浇入蝴蝶面鸡肉色拉调味汁即可。

油醋调味汁

原料:

红酒醋25克,辣酱油、罗勒丝、蒜末、意大利香料、糖、盐、黑胡椒粉、橄榄油各适量。

制作:

将所有原料混合拌匀即可。

示范料理:油醋圣女果

原料:

圣女果4个,小黄瓜2根,油醋调味汁适量。

制作:

1. 将番茄洗净去蒂、皮切片,黄瓜洗净切条。

2. 将黄瓜条、番茄片加油醋调味汁拌匀即可。

红酒调味汁

原料:

橙子、柠檬各1个,白糖100克,红酒400毫升。

制作:

1. 取橙子、柠檬皮切细丝,将果肉榨汁。

2. 锅中放入红酒、橙皮丝、柠檬皮丝、橙汁、柠檬汁,小火慢炖20分钟,过滤取汁即可。

示范料理:红酒梨

原料:

梨4个,红酒调味汁适量。

制作:

1. 梨去皮,从底部挖除核。

2. 锅中放入梨、调味汁,小火慢炖至梨软熟,取出装盘。

3. 将锅中的汤汁熬至浓稠,浇在梨上即可。

红酒炖牛肉调味汁

原料:

牛高汤500毫升, 红酒250毫升, 番茄糊25克, 黑橄榄、洋菇各5个, 土豆2个, 葱头、胡萝卜、西芹各1个, 百里香、月桂叶、盐、黑胡椒粉各适量。

制作:

1. 葱头切丝, 土豆、胡萝卜、西芹洗净切丁, 洋菇切片, 黑橄榄对半切开。

2. 炒锅注油烧热, 下入葱头、胡萝卜、西芹炒香, 加入番茄糊、黑橄榄、红酒、高汤、百里香、月桂叶、盐、黑胡椒粉烧开。

3. 最后加入土豆、洋菇, 小火烧开片刻即可。

>>调味酱

番茄豆酱

原料:

番茄豆200克, 瘦牛肉末150克, 番茄酱100克, 葱头1个, 大蒜、盐、黑胡椒粉、色拉油各适量。

制作:

1. 蒜切末, 葱头切丁。

2. 炒锅注油烧热, 下入蒜末、葱头丁爆香, 加入瘦牛肉末炒熟, 再加入适量水、番茄酱搅拌均匀略煮。

3. 放入番茄豆, 撒入盐、胡椒粉搅匀即可。

特点:

这是一款墨西哥风味的酱, 可以搭配青菜或用春饼卷着吃。

海鲜肉酱

原料:

干瑶柱、火腿末各250克, 虾米100克, 葱头末、蒜末、辣椒酱、色拉油各适量。

制作:

1. 瑶柱、虾米泡软后沥干。

2. 炒锅注油烧热, 下入瑶柱、虾米、火腿末、蒜末、葱头末炒香，加入辣椒酱炒匀即可。

提示：

这是一款豪华的海鲜酱，要舍得用料。辣椒酱一定不能多过瑶柱。海鲜肉酱可以炒云南小瓜或者其他的瓜类，可以炒贝壳类的海鲜，也可以当零食食用。

杏仁果酱

原料：

杏200克，冰糖25克，吉士粉适量。

制作：

1.杏取肉搅成泥，吉士粉用少许开水稀释。

2.锅内添入适量水，放入冰糖，用中火烧至冒泡，加入杏糊、吉士粉水搅匀即可。

提示：

可将做好的杏酱装入玻璃瓶中，晾凉密封放入冰箱，食时取用。

洋菇酱

原料：

鸡高汤250毫升，鲜奶油100毫升，番茄酱50克，洋菇4个，葱头1/2个，盐适量。

制作：

1.葱头切丁，洋菇片切片。

2.锅中注奶油烧热，放入葱头和洋菇翻炒，倒入鸡高汤，大火煮至浓稠状，加入盐、番茄酱即可。

比萨酱

原料：

鸡高汤150毫升，奶油、番茄糊各25克，葱头、蒜、俄力冈、糖、盐、黑胡椒粉、植物油各适量。

制作：

1.葱头和蒜切碎。

2.炒锅注油烧热，加入奶油炒香，再加入其他原料，中火炒15分钟即可。

酸奶酱

原料：
原味酸奶200毫升，鲜奶油150毫升，白糖适量。
制作：
将全部原料拌匀即可。

大蒜面包酱

原料：
奶油100毫升，玛琪琳50克，蒜、巴西里碎、俄力冈、盐各适量。
制作：
1. 蒜捣成泥。
2. 锅中注入奶油烧热，加入玛琪琳、巴西里碎、蒜泥翻炒，再加入俄力冈、盐炒匀即可。

奶油咖啡酱

原料：
奶油300克，葱头末250克，白酒50毫升，咖啡粉10克，糖、盐、红葱头末适量。
制作：
1. 锅中注入奶油烧热，下入葱头末、红葱头末炒香，烹入白酒煮开片刻。
2. 加入奶油、咖啡粉、糖、盐搅拌均匀即可。

奶油蒜味酱

原料：
奶油250克，蒜末50克，红酒25毫升，巴西里碎、百里香、盐、黑胡椒粉、匈牙利红椒粉各适量。
制作：
将所有原料搅拌均匀即可。

【奶油蛋黄酱】

原料：

蛋黄3个，奶油25克，白酒、柠檬汁、盐、黑胡椒粉各适量。

制作：

1. 锅中放入白酒、柠檬汁、盐、黑胡椒粉煮成浓汁，晾凉。

2. 将蛋黄加入浓汁打匀，再慢慢加入奶油搅至凝结，最后添入适量温水混合均匀即可。

【柠檬蜂蜜酱】

原料：

蜂蜜100克，柠檬1个，酱油25毫升，辣椒粉、黑胡椒粉各适量。

制作：

1. 将柠檬榨汁。

2. 锅中放入蜂蜜、柠檬汁、酱油、辣椒粉、黑胡椒粉，煮沸即可。

【沙巴雍酱】

原料：

白糖150克，白酒125毫升，红酒75毫升，蛋黄6个。

制作：

1. 蛋黄加糖打至起泡，再加入红酒、白酒搅匀。

2. 锅中添入适量水烧开，放入蛋黄隔水加热，至泡沫变浓稠膨胀即可。

【墨西哥家乡酱】

原料：

番茄、葱头各2个，小茴香粉、糖、盐、黑胡椒粉各适量。

制作：

1. 番茄、葱头切丁。

2. 锅中添入适量水烧开，放入番茄丁煮软，与葱头、小茴香粉、糖、盐、黑胡椒粉置于搅拌机中打成酱。

2. 将酱煮开即可。

红酱

原料：

红番茄2个，葱头1个，罗勒4片，月桂叶3片，奶油50克，番茄糊、番茄酱各15克，鸡高汤、白酒、蒜、俄力冈、意大利香料、西芹碎、巴西里碎各适量。

制作：

1. 蒜切碎。

2. 锅中注入奶油烧热，下入葱头、月桂叶炒香，加鸡高汤、红番茄、番茄糊、番茄酱翻匀，再加入其他原料略煮至香味溢出即可。

蜂蜜芥末酱

原料：

芥末酱350克，蜂蜜125克，芝麻酱50克，柠檬汁、色拉油适量。

制作：

将全部原料混合即可。

大蒜油

原料：

大蒜8瓣，红辣椒1根，盐、黑胡椒粉、色拉油各适量。

制作：

1. 蒜切片，红辣椒切碎。

2. 平底锅注油烧热，下入蒜片炸香，加入红辣椒末炒匀，最后撒入盐、黑胡椒粉即可。

苹果油醋

原料：枫糖浆30毫升，苹果醋、红酒各15毫升，盐、黑胡椒粉、色拉油各适量。

制作：

将所有原料搅拌均匀即可。

苹果乳酪色拉酱

原料：

苹果味乳酪50克，美乃滋、番茄酱各25克，鲜奶油15克。

制作：

1. 将番茄酱、鲜奶油、苹果味乳酪充分搅拌。

2. 最后加入美乃滋拌匀即可。

奇异果风味酱

原料：

美乃滋250克，奇异果汁50毫升，柠檬汁、果糖各适量。

制作：

将所有原料拌匀即可。

胡椒酱

原料：

葱头碎350克，红葱头碎、蒜碎各200克，黑胡椒粉75克，白胡椒粒50克，番茄酱25克，牛高汤2000毫升，酱油150毫升，鲜奶油50克，淀粉、鸡精各适量。

制作：

1. 黑胡椒粉加白胡椒粒混合成胡椒粉。

2. 炒锅注奶油烧热，下入蒜碎、葱头碎、红葱头碎、酱油炒香，添入高汤，撒入胡椒粉、鸡精，勾芡即可。

蘑菇酱

原料：

葱头丝250克，番茄碎、洋菇片各200克，番茄糊150克，蒜75克，番茄酱50克，红葱头50克，牛高汤2000毫升，百里香、盐、黑胡椒粉、色拉油各适量。

制作：

1.蒜、红葱头切片。

2.炒锅注油烧热，下入蒜片、葱头片爆香，放入番茄碎、葱头丝、洋菇片炒香，加入番茄糊、番茄酱、百里香炒至熟软。

3.添入高汤烧沸，撒入盐、黑胡椒粉即可。

意大利烩海鲜调味酱

原料：

番茄汁250毫升，白酒15毫升，葱花、蒜片、百里香、俄力冈、罗勒、盐、黑胡椒粉、色拉油各适量。

制作：

1.罗勒切末。

2.炒锅注油烧热，下入蒜片、葱花爆香，加入白酒、番茄汁、百里香、俄力冈煮开，撒入盐、胡椒粉、罗勒碎即可。

示范料理：意大利烩海鲜

原料：

墨鱼、鲷鱼各100克，草虾、蛤蜊各6个，孔雀贝、干贝各2个，意大利烩海鲜调味汁、盐、黑胡椒粉各适量。

制作：

1.将墨鱼、鲷鱼、草虾、蛤蜊、孔雀贝、干贝收拾干净。

2.锅中添入适量水，放入墨鱼、鲷鱼、草虾、蛤蜊、孔雀贝、干贝、调味汁，煮开即可。

美式汉堡酱

原料：

美乃滋200克，番茄酱150克，芥末酱25克，酸黄瓜末25克，葱头末、蒜末、辣酱油、辣椒酱、盐各适量。

制作：

将所有原料混合拌匀即可。

水果奶酪色拉酱

原料:

奶酪50克，鲜奶油50克，糖粉25克，柠檬汁适量。

制作:

1. 奶酪隔水加热至变软。

2. 将鲜奶油打发，加入奶酪、糖粉、柠檬汁搅匀即可。

雪花巧克力酱

原料:

巧克力75克，奶油、鲜奶油各50克，白兰地酒少许。

制作:

1. 巧克力切碎。

2. 锅中放入鲜奶油煮开，加入巧克力碎充分搅拌。

3. 再加入奶油、白兰地酒拌匀即可。

示范料理：雪花巧克力球

原料:

雪花巧克力球原料、糖粉各适量。

制作:

将雪花巧克力球原料挤成球形，冷藏至变硬，裹匀糖粉即可。

日本滋味

关于日本调味料

>>日本料理的"三五"

日本料理是用五感来品尝的料理，即：眼——视觉的品尝；鼻——嗅觉的品尝；耳——听觉的品尝；手——触觉的品尝；舌——味觉的品尝。

"三五"是日本料理的特色，即五味、五色、五法。五味是指菜品的味道，这与中国菜肴相同，是指甜、酸、苦、辣、咸；日本料理在五味之外，还有第六种味道——淡。淡是要求把原料的原味充分牵引出来。五色是指菜的颜色，包括黑、白、赤、黄、青。五法是指日本料理的五种基本调理法，即：切、煮、烤、蒸、炸。"三五"中最重要的是由调味料引发的五味。

>>日式调味料

调味料方面是最能体现日本料理的特征之一。日本料理的出汁，是从鲣鱼干及晒干的海带中提取制作而成的。鲣鱼干的部位不同，做出的出汁味道不同，使用方法也不同。也有用青花鱼做的。海藻也是晒干的，中文称为海带制作而成。鲣鱼干与海带的组合，关系到制出怎样的出汁，而出汁的味道又关系到料理的味道。另外还有用沙丁鱼、飞鱼、干贝、虾、鱼骨等制成的出汁。

调味料中与中国料理最大的区别就是味的使用。味不仅赋予料理以自然的甜味，还在使其产生光泽，对原料的精华美味进行凝缩保持方面具有其他调味料所不具备的功效，味还能有效地防止菜肴散架，并保持原型。日本料理中，在借鉴西洋料理时，味也功不可没，如明炉烧烤及烤鳗等皆缺味而不可。

>>常见日式调味料

酱油品种：淡口酱油、浓口酱油、白酱油等等，据用途不同使用不同的品种。

味噌的品种相当多，据原料不同，分米味噌、麦味噌、豆味噌等。据说是从中国传到日本，但在如今比中餐更多地使用，是必不可少的调味料。

醋也是日常的调味料，据说原先也是从中国传过去，但现在却同中国醋的味道完全不同。做寿司时不能用中国醋，但日本醋也不能用于小笼包。

此外，作为最基本的调味料还有糖和盐。

同样是发酵制成的调味料，中国和日本的用法不同，这已经成为日本料理的特点之一。日本料理中调味料的使用是为了把原料原味的淡味更充分地牵引出来，而中国料理是为了增加美味而使用调味料。

最具代表性的日本调味料和料理

【寿司醋】——寿司饭、铁火细卷

寿司醋

原料：
白菊醋、白醋各150毫升，糖125克，盐50克，昆布2片。
制作：
1. 将所有原料放入锅中，小火烧至糖完全融化。
2. 晾凉即成。

示范料理：寿司饭

原料：
大米500克，蜂蜜、寿司醋各适量。
制作：
1. 将大米洗数遍，至大米表面光滑，加蜂蜜、适量水蒸熟。

2.在蒸熟的米饭中趁热倒入适量寿司醋，用木制饭勺斜着切入饭中，一层层削打（保持米饭颗粒完整），搅拌均匀，让汁味充分吸收，拌匀晾凉即可。

提示：

不宜用饭勺垂直搅拌米饭，否则会将米饭搅碎。

为防止寿司饭表面变干，可在寿司饭上覆干净的湿毛巾，放在阴凉处，以保持饭的湿度与温度。

【示范料理：铁火细卷】

原料：

寿司饭250克，新鲜金枪鱼条、紫苏叶、芥末、海苔各适量。

制作：

1.取小竹帘，将1/2宽海苔平铺在小竹帘上，铺上一层寿司饭，抹上芥末，放上紫苏叶。

2.将新鲜金枪鱼条放在铺好的紫苏叶中间，卷成卷。

3.将卷切成长段，摆入盘中即可。食用时佐以日本酱油、寿司姜。

【天妇罗蘸酱汁】——天妇罗

【天妇罗蘸酱汁】

原料：

柴鱼高汤150毫升，酱油、味醂各25毫升。

制作：

将所有原料放入锅中，煮开即可。

提示：

除了用于炸物（天妇罗等）蘸食外，亦可淋在炸豆腐上。

【示范料理：天妇罗】

原料：

鲜虾4只，蛋黄1个，低筋面粉100克，天妇罗蘸酱汁、色拉油各适量。

制作：

1. 虾洗净去壳、头及肠泥，按压虾背、拉长虾身；蛋黄加面粉及适量水调成糊。

2. 将虾除尾部裹匀糊。

3. 炒锅注油烧热，下入虾滑熟，捞出沥油，食用时蘸以天妇罗即可。

提示：

这道料理的炸制方法多样，应注意油温以160℃～180℃为宜。刮去虾尾壳上含有水分的黑色薄膜，可以防止炸虾时热油飞溅。拉长虾身，能使炸虾不弯曲。

经典日式调味料

>>蘸酱

芝麻蘸酱

原料：

芝麻酱50克，橙醋、味醂各25毫升，淡口酱油、酒各15毫升，辣椒酱、甜面酱各适量。

制作：

1. 将辣椒酱用筛网过滤，取辣椒汁。

2. 将辣椒汁与其他原料混合，搅拌均匀即可。

提示：

常作为锅物之蘸酱，亦可作为蘸面汁。

美乃滋蘸酱

原料：

美乃滋100克，黄芥末酱50克，温泉蛋黄2个，柠檬汁少许。

制作：

将所有原料混合拌匀即可。

提示：
亦可当拌酱用。温泉蛋黄是水煮蛋的一种蛋黄，呈半熟状态。

辛辣蘸酱

原料：
酱油30毫升，醋15毫升，糖、辣油、香油各适量。

制作：
将所有原料调和均匀即可。

提示：
适合作为锅物蘸酱。

荞麦凉面汁

原料：
柴鱼高汤100毫升，酱油、味醂各25毫升，柴鱼片10克。

制作：
1. 锅中倒入柴鱼高汤、酱油、味醂煮开。
2. 放入柴鱼片，小火煮片刻，熄火。
3. 待柴鱼片自然沉入锅底，过滤取汁，晾凉冷藏即可。

提示：
亦可淋在豆腐上或凉拌蔬菜。

芝麻盐

原料：
熟白芝麻100克，黑胡椒、盐、香蒜粉各适量。

制作：
1. 将白芝麻研磨，加入黑胡椒继续研磨。
2. 加入盐、香蒜粉研磨均匀即可。

提示：
●可用于烧肉蘸酱或炸物蘸酱。
●白芝麻不能磨太久，以免出油。

土佐酱油

原料：

酱油200毫升，酒100毫升，酱油膏、昆布、柴鱼片各15克，味醂少许。

制作：

1. 将酒烧除酒精。

2. 加入酱油、味醂、酱油膏混合，倒入锅中。

3. 放入昆布小火煮，煮沸前将昆布取出，加入柴鱼片，冷却，过滤即可。

提示：

这是生鱼片的基本蘸酱。酱油里融合了昆布和柴鱼的美味成分，因而称为土佐酱油。

橙醋

原料：

酒175毫升，柳橙原汁、酱油、柠檬汁各75毫升，味醂25毫升，昆布15厘米，柴鱼片15克。

制作：

1. 酒烧除酒精，加入味醂、酱油煮开，熄火冷却。

2. 加入柳橙原汁、柠檬汁、柴鱼片、昆布调和。

3. 常温中放置3日后取出昆布，7日后过滤即可。

提示：

● 用于涮锅、薄片生鱼片、生牛肉、清蒸鱼时的蘸酱，亦可调和色拉酱汁、火锅蘸酱，使用方法广泛。

● 不使用醋而是以柑橘的酸来代替，清香爽口，是调制各种混合醋的基底。

萝卜泥醋

原料：

橙醋50毫升，萝卜泥25克。

制作：

萝卜泥中淋入橙醋，拌匀即可。

提示：

用于生蚝、生牛肉、涮牛肉、原味铁板牛肉的蘸酱。

(蛋黄酱油)

原料：

土佐酱油50毫升，蛋黄1个。

制作：

土佐酱油里加入蛋黄搅匀即可。

提示：

用于花枝、鲔鱼生鱼片。在土佐酱油里加入蛋黄可使口感更加滑润顺口。

>>醋汁、色拉酱

(蛋黄醋)

原料：

糖25克，醋25毫升，蛋黄2个，盐适量。

制作：

1. 所有原料混合。

2. 隔水加热至水分收干，呈浓稠状。

3. 用细筛网过滤，使之更细密。

提示：

用于口味清淡的鱼贝类、虾、蔬菜等的淋酱、拌酱。

(生姜醋)

原料：

高汤100毫升，醋、酒、味醂各30毫升，酱油15毫升，柴鱼片、姜泥各适量。

制作:

1.锅中放入高汤、醋、酒、味酥、酱油煮开。

2.加入柴鱼片,熄火过滤。

3.冷却后加入姜泥即可。

提示:

●可作蟹类蘸酱。

●也可不加姜泥。

发菜醋汁

原料:

柴鱼高汤100毫升,醋25毫升,糖、味酥、酱油各适量。

制作:

将所有原料混合,入锅煮至糖溶化,熄火冷却即可。

提示:

发菜为藻类植物,醋拌发菜是日本料理中深受欢迎的开胃菜。

>>淋酱、拌酱

盖饭酱汁

原料:

柴鱼高汤100毫升,酱油、味酥各25毫升,糖适量。

制作:

将所有原料混合,入锅煮至糖溶化即可。

提示:

炸虾盖饭也可放入炸鱼、炸蔬菜。这种淋酱汁味道较淡,如果喜欢浓郁的酱汁,可用蒲烧酱汁来代替。

蒲烧酱汁

原料：

酱油、酒各200毫升，味醂175毫升，糖100克，麦芽50克。

制作：

1. 酒烧除酒精，与其余原料一同放入锅中。

2. 大火煮开，转小火煮至浓稠即可。

提示：

除了用作鳗鱼涂酱外，也可用于沙丁鱼、秋刀鱼涂酱。

>>高汤与汤底

香菇高汤

原料：

干香菇25克，昆布25厘米。

制作：

1. 将香菇、昆布分别洗净，放入盆中，加入适量水浸泡。

2. 浸泡约40分钟，用纱布过滤即可。

提示：

作为精进料理（即快餐料理）的基本高汤，一般并不单独使用，而是加入酱油、味醂等调味料调味后使用，亦适用于面的酱汁或煮物。

鸡骨高汤

原料：

鸡骨500克，昆布20厘米。

制作：

1. 鸡骨洗净，放入烤箱烤至焦黄色取出。

2. 锅中放入2000毫升水、昆布、烤过的鸡骨，大火煮开片刻。

3. 取出昆布，转小火，不时除去浮沫，待汤汁剩约2/3时，熄火，用纱布过滤即可。

鸡骨蔬菜高汤

原料:

鸡骨500克, 昆布20厘米, 葱头1个, 胡萝卜1根, 卷心菜1/2个, 葱、姜各适量。

制作:

1. 将鸡骨放入开水锅中焯一下, 捞出冲净。

2. 锅中放入鸡骨、2500毫升水和其他原料煮开片刻。

3. 取出昆布, 转小火, 不时除去浮沫, 煮约60分钟, 待汤汁剩约2/3时, 熄火, 用纱布过滤即可。

提示:

适用于汤豆腐、关东煮、鲷鱼火锅、鸡肉火锅、涮锅汤底, 及卷心菜卷等菜肴的煮汁。

小鱼干高汤

原料:

小鱼干50克, 昆布20厘米, 酒25毫升。

制作:

1. 将小鱼干去头部和内脏, 加入昆布、1000毫升水浸泡30分钟。

2. 放入锅中, 加入酒, 中火煮沸, 转小火煮约10分钟, 不时除去浮沫, 熄火, 用纱布过滤即可。

提示:

●小鱼干煮的高汤比柴鱼高汤味道更浓, 经常使用在味噌汤及面的酱汁中。

●小鱼干去头部、内脏, 煮出来的高汤才不会苦涩。

●昆布浸泡越久, 越能释出甜味。

涮涮火锅汤底

原料:

鸡骨蔬菜高汤1500毫升, 酒100毫升, 昆布20厘米。

制作:

1. 酒烧除酒精, 与高汤一同倒入锅中。

2. 放入昆布浸泡10分钟。

3. 加热，煮沸前将昆布取出即可。

味噌锅汤底

原料：

白味噌、红味噌各100克，味醂50毫升，酒25毫升，糖、酱油、柴鱼高汤各适量。

制作：

1. 将白味噌、红味噌、酱油、酒、味醂、糖混合搅拌。

2. 加入柴鱼高汤，拌匀即可。

关东煮汤底

原料：

柴鱼高汤1000毫升，鸡骨蔬菜高汤500毫升，酒100毫升，淡口酱油50毫升，味醂50毫升，酱油15毫升，糖适量。

制作：

1. 酒烧除酒精，与其余原料放入锅中。

2. 煮开即可。

提示：

使用味噌的汤头是为了要缓和腥味较重的食材，除了牡蛎之外，猪肉、鲑鱼也可使用。

味噌汁

原料：

小鱼干高汤250毫升，味噌25克，味醂适量。

制作：

1. 锅中倒入小鱼干高汤煮开。

2. 将味噌放入汤中搅拌。

3. 再放入味醂拌匀即可。

韩 国 滋 味

关于韩国调味料

>>韩国美食的根本——调味品

　　韩国饮食特点十分鲜明，烹调虽多以烧烤为主，但口味非常讨中国人的喜爱。与中国菜肴不同的是，韩国料理比较清淡，少油腻，而且基本上不加味精；蔬菜以生食为主，用凉拌的方式做成，味道的好坏全掌握在厨师的手中。韩式烤肉以高蛋白、低胆固醇的牛肉为主。韩国人一直深信"食物味道全靠酱味"，就算有再好的原料，若没有酱味铺垫，也绝做不出好菜，因此，大酱、辣椒酱和酱油就成了韩国家庭一年到头最重要的家底儿，在这三种酱中，蕴含着韩国饮食的秘诀。由大豆做成的大酱，常食可以辅助预防多种疾病。

>>越陈越香的大酱

　　大酱在韩国已有两千多年的历史，是韩国风味的源泉。大酱的原料只有大豆、盐和水，但是在日晒风吹中经过发酵，就会变成十分可口的美味。大酱在酱缸里储存的时间越长，味道就会越浓。大酱以其美味和显著的抗癌效果，越来越受到世人的瞩目。大酱主要用来做汤或者拌野菜。

>>水、盐和阳光共同酿制的名品——酱油

　　酱油和盐一样，用来调节食物的咸淡。在做大酱时用的豆酱饼上撒上盐，再加入水后保存起来，豆酱饼在发酵过程中产生氨基酸和乳酸菌，两个月后就制成了酱油。酱油可以在做浓汤时用来调味，也可以在吃煎饼和油炸食品时蘸着吃。

>>大蒜、葱姜、芝麻盐，一个也不能少！

大酱、辣椒酱和酱油等酱类要和新鲜的调味料融合在一起，才能创造出完美的味道。韩国人比较喜欢的调味料有葱头、大蒜、葱、姜、香油、芝麻盐和辣椒粉等。不同的食物，添加不同的调味品。葱、蒜和葱头等还可以长时间放在大酱缸或酱油缸里做成酱菜。

>>火爆韩国味——辣椒

韩国料理很重视辣的味道，辣椒也就自然成为了主角。它是辣椒酱的主要原料，也是做汤和小菜时不可或缺的一项。辣椒中含有辣味成分，能分解脂肪，对减肥很有帮助。

众所周知，辣椒酱是最具韩国代表性的调味品。辣椒酱由晒好的辣椒、食盐、水、酱引子粉和糯米粉按一定的比例混合制成，同大酱一样，要经过长时间的发酵才会变得可口。辣椒酱吃起来有淡淡的甜辣味，可以跟香油一起拌饭吃或是蘸菜吃。

>>"长在地里的牛肉"——大豆

大豆是制作大酱的主要原料，含有丰富的蛋白质和植物性脂肪等营养成分，具有显著的抗癌效果。此外，大豆还含有丰富的维生素E，能消除人体内聚集的胆固醇，被誉为是"神赐的食物"，可以和大米一起煮成豆饭，也可以用来做豆腐，用途十分广泛。

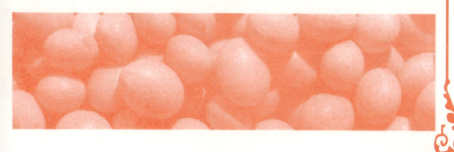

经典韩式调味料

韩式辣椒酱

原料:

味噌500克,糖150克,细辣椒粉200克,粗辣椒粉75克,白醋75克,鲜辣椒50克,盐10克。

制作:

1.锅中倒入250毫升清水,加入糖、粗辣椒粉、细辣椒粉搅拌均匀,小火煮沸,煮制当中用勺不时搅拌,以免酱汁黏底及烧焦。

2.小火煮约10分钟,加入盐充分搅拌,熄火冷却至温热。

3.加入白醋搅拌均匀,冷却后倒入有盖容器内发酵即可。

提示:

辣椒酱做好后可长期冷藏保存。

煎饼蘸酱

原料:

韩式辣椒酱100克,葱末25克,醋50毫升,熟白芝麻、蒜泥、白糖、柠檬汁、香油各适量。

制作:

1.将韩式辣椒酱加醋拌匀。

2.再加入葱末、熟白芝麻、柠檬汁、香油、白糖、蒜泥拌匀即可。

使用方法:

可用于火锅蘸酱、生鲜海鲜拌酱、各式淋酱。

示范料理: 牡蛎黄金煎饼

原料:

牡蛎500克,鸡蛋3个,蒜薹50克,盐、胡椒粉、花生油各适量。

制作：

1. 将牡蛎取肉洗净，蒜薹切末。

2. 鸡蛋打散，加入牡蛎肉、蒜薹末、面粉、盐、胡椒粉拌成糊。

3. 煎锅注油烧热，倒入牡蛎糊，煎至两面金黄即可。

特点：

颜色金黄，口感鲜嫩。这道小吃以海鲜为主料，是地道的韩国煎饼之一，冷热皆可口。牡蛎是海中上品，营养丰富，尤其适宜男性长期食用。

【拌冷面酱】

原料：

苹果1个，辣椒粉、葱末、香油、白糖、姜汁、蒜泥各25克，酱油50毫升，熟白芝麻适量。

制作：

1. 将苹果洗净去核，捣成泥。

2. 将苹果泥、辣椒粉、葱末、香油、白糖、姜汁、蒜泥、酱油、白芝麻拌匀即可。

使用方法： 用于各式冷面类拌酱。

提示： 也可用猕猴桃、梨代替苹果。

【示范料理：韩国冷面】

原料：

韩国荞麦面条500克，熟牛肉片、生牛肉各200克，辣白菜50克，熟鸡蛋1/2个，拌冷面酱、葱、姜、桂皮、大料、萝卜、黄瓜、生抽、柠檬汁、冰糖各适量。

制作：

1. 将葱、姜、萝卜、牛肉均切小块，与桂皮、大料下入开水锅中慢火煮至汤浓，撒入胡椒粉，过滤取汁，加入冰糖、柠檬汁搅匀，晾凉制成冷面汤。

2. 韩国荞麦面条煮熟，过凉沥干，放入冷面汤中。

3. 冷面上码上熟鸡蛋、苹果片、辣白菜、熟牛肉片、鲜黄瓜丝、撒入芝麻，食用时加拌冷面酱拌匀即可。

抹茶糖浆

原料：

白糖100克，抹茶粉25克。

制作：

1. 锅中添入适量水，放入白糖煮至融化。

2. 加入抹茶粉拌匀即可。

使用方法：

可用于刨冰、冰淇淋等冰品、甜品及冷热饮料。

烤肉酱油腌酱

原料：

白糖25克，淡口酱油100毫升，白酒25毫升，葱末、蒜泥、苹果泥、熟白芝麻、胡椒粒、姜汁、香油各适量。

制作：

1. 锅中放入淡口酱油、酒、白糖煮至溶化，盛出晾凉。

2. 加入熟白芝麻、香油、胡椒粒、苹果泥、葱末、姜汁、蒜泥混合均匀即可。

提示：

可做牛肉、鸡肉、干贝的腌酱，也可当烤肉酱。

烤肉蘸酱

原料：

白糖50克，淡口酱油100毫升，白酒、柠檬片、橙橘片各适量。

制作：

1. 锅中添入适量水，加入淡口酱油、白酒、白糖煮至溶化。

2. 再加入柠檬片、橙橘片浸泡数小时，至口感清爽、香气淡雅即可。

提示：

可依个人喜好加入蒜泥、葱花、芝麻等。

【石锅拌饭酱】

原料：

韩式辣椒酱50克，味噌25克，熟白芝麻、蒜泥、淡口酱油、姜汁、香油各适量。

制作：

将辣椒酱、味噌、熟白芝麻、蒜泥、淡口酱油、姜汁、香油混合拌匀即可。

使用方法：

除石锅拌饭，还可作为烧肉与菜包饭的酱料。

【示范料理：石锅拌饭】

原料：

牛肉末150克，菠菜、黄豆芽、胡萝卜各100克，泡菜50克，熟鸡蛋1个，米饭、熟白芝麻、胡椒、蒜泥、白糖、盐、石锅拌饭酱、高汤、酱油、香油各适量。

制作：

1.菠菜、黄豆芽择洗净，下入开水锅中焯一下，捞出沥干切段，加盐、香油、熟白芝麻拌匀；胡萝卜去皮切丝，下入开水锅中焯一下，捞出沥干，加盐、胡椒粉、香油拌匀，撒入熟白芝麻。

2.炒锅注油烧热，下入牛肉炒至变色，加入白糖、酱油、高汤、蒜泥、胡椒、香油炒匀。

3.石锅涂匀香油，盛入米饭，码上菠菜、黄豆芽、胡萝卜丝、牛肉末、熟鸡蛋，加热片刻，滴入香油，食用时拌入石锅拌饭酱，佐以辣泡菜即可。

【示范料理：海鲜石锅拌饭】

原料：

米饭1碗，鲜蛤200克，泡菜、草菇、山菇各50克，海虾3只，青椒、红椒、鸡蛋各1个，盐、辣椒粉、石锅拌饭酱、大酱各适量。

制作：

1.将鲜蛤煮熟取肉，原汤备用；泡菜切末，青椒、红椒切斜刀片，草菇、山菇洗净。

2.炒锅注油烧热，放入泡菜末、大酱、石锅拌饭酱、辣椒粉炒香，添入鲜蛤原汤。

3.再放入草菇、山菇、海虾、蛤肉烧开，加盐调味。

4.米饭装入石锅中，将煮好的海鲜蘑菇汤盖在米饭上，打入鸡蛋即可。

提示：

韩国人通常在新年会吃石锅饭。将新鲜蔬菜加肉类或海鲜，放入烧热的石碗一同煮，吃时加入酱料。

韩国泡菜

韩国泡菜指的是往盐腌过的菜上添加辣椒粉、葱、姜、蒜、萝卜等调味品，并使之发酵的一种韩国传统食物。泡菜最显著的特点是辣，韩国人通常和米饭一起食用。当然，由于季节和地区的不同，泡菜分为很多种类，但均含有维生素C、钙等多种营养。用泡菜还可以做出泡菜汤、泡菜饼以及泡菜炒饭等多种料理。

>>泡菜的功效

泡菜在发酵过程中产生的乳酸菌，不仅使菜本身更具美味，还能抑制肠内的有害菌。

常食泡菜有助于辅助预防某些疾病，如肥胖、高血压、糖尿病、消化系统癌症等。

此外，泡菜有净化胃肠的作用，能促进胃肠内的蛋白质分解，并使肠内微生物的分布趋于正常化。

>>泡菜的种类

　　根据腌渍泡菜时使用的主原料，大体上分为泡菜类、泡菜块类、泡萝卜类、腌菜类、咸菜类等。

>>泡菜调味料及泡菜料理

【韩国泡菜腌酱】1

　　原料：

　　鱼露50毫升，粗辣椒粉、细辣椒粉、蒜泥各15克，辣椒1个，姜汁、盐各适量。

　　制作：

　　1. 辣椒切末，放入盘中。

　　2. 加入鱼露、粗辣椒粉、细辣椒粉、蒜泥、姜汁、盐混合均匀即可。

　　提示：

　　制成后置于冰箱内保存。在腌渍泡菜时，可加入胡萝卜、萝卜、葱一起混合腌渍，增添色彩和口感。

【韩国泡菜腌酱】2

　　原料：

　　韭菜150克，苹果、白萝卜各100克，小鱼干75克，鲜虾仁、鲜红辣椒、蒜泥各50克，粗辣椒粉、细辣椒粉、虾酱、姜泥各25克，盐适量。

制作：

1. 将小鱼干用清水浸泡约30分钟，再入锅以小火煲10分钟，捞出晾干备用。

2. 韭菜洗净切段，苹果洗净去皮、核切块，白萝卜洗净去皮切块。

3. 虾酱、煮鱼干水、鲜红辣椒、蒜泥、姜泥、鲜虾仁、韭菜、苹果、白萝卜放入搅拌机中搅匀。

4. 加入粗辣椒粉、细辣椒粉、盐拌匀，放入有盖的容器中发酵即可。

提示：

制成后置于冰箱内，可长期冷藏保存。

白菜泡菜

原料：

辣椒粉100克，韭菜50克，大白菜、白萝卜、苹果各1个，糯米糊1杯，糖、盐各适量。

制作：

1. 将大白菜根部切成8瓣，顶部相连，将盐抹在刀口处，压重物放置10小时。

2. 苹果洗净，去核切块，放入果汁机打成泥；白萝卜切丝，加韭菜、糖、糯米糊、辣椒粉拌匀。

3. 将拌匀的萝卜丝、韭菜等均匀地涂抹在白菜上，将白菜置于容器中密封，发酵3天即可。

提示：

制作泡菜的时间长短受温度高低影响很大，要想尽快吃到美味泡菜，应将温度控制在16～18℃，这样泡菜发酵得最快。

示范料理：腊味泡菜

原料：

各种泡菜200克，腊肉片100克，青尖椒1个，色拉油适量。

制作：

1. 将腊肉片用开水略烫，泡菜切片，青尖椒切片。

2. 炒锅注油烧热，放入各种泡菜、腊肉、青椒片，炒熟即可。

示范料理：肉末泡菜

原料：

猪瘦肉300克，泡菜200克，干辣椒、花椒、盐、糖、鸡精、料酒、色拉油各适量。

制作：

1. 将猪瘦肉洗净搅打成末，泡菜用清水冲洗后切成末，干辣椒切段。

2. 炒锅注油烧热，下入花椒炸焦后捞去，放入干辣椒煸炒后加入肉末。

3. 待肉末水分炒干，加盐、糖、料酒、泡菜、鸡精炒匀即可。

提示：

泡菜一定要用水冲洗干净，以免味太重。

示范料理：泡菜蒸山药

原料：

山药500克，泡菜200克，淡盐水适量。

制作：

1. 将山药去皮切成条，放入淡盐水中浸泡。

2. 山药条摆在盘中，码上泡菜，入笼蒸5分钟即可。

提示：

切好的山药应马上放入水中，否则易变色。

示范料理：锅巴泡菜

原料：

锅巴1包，泡菜100克，盐、味精、水淀粉、
辣椒油、色拉油各适量。

制作：

1.将锅巴掰成小块，泡菜切成片。

2.炒锅注油烧至六成热，下入锅巴炸至金黄色，捞出沥油，放入
盘中。

3.锅中放入泡菜迅速煸炒，添适量水烧开，勾芡，浇在炸好的锅
巴上，淋上辣椒油即可。

提示：

色香俱全，口感脆香。做锅巴菜时一定要快炒，否则锅巴冷却会
影响菜品的口感。

示范料理：泡菜花枝片

原料：

泡菜100克，鱿鱼1只，盐、料酒、花生油、
水淀粉、蒜片各适量。

制作：

1.将鱿鱼洗净，切成花枝片；泡菜切片。

2.锅中添水烧开，放入鱿鱼片烫熟。

3.炒锅注油烧热，下蒜片爆香，加入鱿鱼片、泡菜一同炒熟，勾
芡即可。

特点：

红白相间，脆嫩香辣。

提示：

乌鱼片过水时要注意时间，以开锅为准。

示范料理：泡菜八爪鱼

原料：

泡菜100克，八爪鱼2只，香葱1根，芝麻、糖、盐各适量。

制作：

1. 将八爪鱼洗净切条，泡菜切条，香葱切段。

2. 锅中添水烧开，放入八爪鱼煮熟，过凉备用。

3. 将泡菜、八爪鱼加盐、糖拌匀，撒上香葱段、芝麻即可。

示范料理：泡菜蒸饺

原料：

猪肉馅300克，辣白菜泡菜150克，蒸饺皮12张，葱花、姜末、盐、鸡粉、胡椒粉、料酒、酱油、香油各适量。

制作：

1. 将泡菜拧干切碎，与猪肉馅搅拌，加入葱、姜、盐、料酒、鸡粉、胡椒粉、酱油、香油拌匀。

2. 将泡菜馅放入冰箱冷藏半小时后取出，用蒸饺皮包入泡菜馅，捏紧口。

3. 将包好的蒸饺放入笼屉，大火蒸8分钟取出即可。

示范料理：泡菜凉面

原料：

干凉面400克，泡菜100克，鸡蛋1个，番茄1个，醋、蒜泥各适量。

制作：

1. 锅中添水烧开，放入干凉面煮熟，捞出放入冰水中过凉。

2. 鸡蛋煮熟去壳，一切为二；番茄切片。

3. 将面条装入碗中，依次摆上泡菜、鸡蛋、番茄片即可。

特点：

滑嫩爽口，营养丰富。

提示：

在韩国，各有特色的食物琳琅满目，尤其是面类食品，有很多种搭配及制作方式。这道泡菜凉面口味独特，营养丰富。

黄瓜泡菜

原料：

黄瓜4根，红尖椒2根，鱼露50毫升，虾酱、苹果泥、糯米糊、盐、糖、辣椒粉各适量。

制作：

1. 将黄瓜用清水洗净，一切为四，去瓜瓤；红尖椒切片。

2. 黄瓜条加盐腌4小时，去掉水分。

3. 黄瓜条加盐、糖、苹果泥、辣椒粉、糯米糊、鱼露、虾酱拌匀，放入密封的盛器中腌渍1天即可。

提示：

韩国泡菜种类繁多，不一定局限于大白菜，也可选用其他蔬菜制作，小黄瓜就是一种不错的美味选择。嫩绿的小黄瓜，入口清爽，脆嫩无渣，以特色泡菜汁腌渍，诱人食欲。

萝卜泡菜

原料：

白萝卜1根，韭菜50克，苹果、盐、糖、辣椒粉各适量。

制作：

1. 将萝卜切块，一面打成十字花刀，加盐腌8小时后去掉水分；苹果洗净，去皮、核，打成泥。

2. 将韭菜切段，与盐、糖、苹果泥、辣椒粉搅拌均匀，制成调味料。

3. 将调味料与萝卜块混合拌匀，放入密封的容器中，发酵1～2日即可。

提示：

白萝卜本身含大量水分，加入泡菜汁后白中泛红，入口爽脆，味道鲜甜。腌制白萝卜泡菜以11月中旬至12月中旬最适合，此时萝卜爽甜、多汁，也不会有黑心，滋味最佳。

南洋滋味

关于南洋调味料

　　南洋菜肴离不开酸、甜、辣这三种味觉，这是因为气温炎热的南洋国家，需要重口味的饮食来帮助开胃。味道浓厚的天然香料与风味独特的酱料，也就成为南洋菜肴中不可或缺的调味大师。如泰式菜肴，就十分讲究调味，利用多种香料与调味料来烹调，因此菜肴口味重、很开胃；马来西亚的菜肴以辣为主，大量使用咖哩、辣椒粉、黄姜粉等辛香料，至于越南美食最常使用鱼露作为酱料，不管什么食物都蘸鱼露食用。

>>越南菜肴（Vietnam）

　　越南菜的许多烹调方式与中国相近。整体来说，在越南菜肴中，热炒与油炸的东西不多，虽然也是偏重酸和辣，却比泰国等其他南洋国家来得清淡些。越式春卷、甘蔗虾、越南河粉等都是越南美食的代表。而用海鱼腌制而成的"鱼露"是越南菜最常使用的特殊酱料，虽然有点腥味，但是味道十分鲜美，为菜肴的美味大大加分。

>>泰国菜肴（Thailand）

　　在东南亚国家中，泰国菜可说是具有特色的，传统的泰国美食，包括了辣、甜和酸，缺一不可，而且大部分的食材与调味料都是采用新鲜原料。其香料种类超过50种，除了常见的葱、蒜、九层塔、红葱头等，还有风味独特的香茅、南姜、月桂叶、柠檬叶等，再加上咖喱、椰汁的调味，泰国菜肴的味道十分丰富。青木瓜色拉、泰式烤鸡、咖喱蟹等都是泰国美食的代表。

>>新加坡菜肴（Singapore）

　　历经早期殖民地岁月及近代各国移民的进驻，新加坡的饮食早就融合了马来式、娘惹式、印度尼西亚式、中式等各种风味，因此在菜肴中并没有特别明显的风格，像海南鸡饭、甩饼、咖喱鱼头、沙爹、娘惹糕等，都是新加坡的国民美食，新加坡可说是亚洲菜系的汇集之处。最有特色的是肉骨茶，早期华人在南洋地区多半从事苦力，当时的中医师就配制一些中药材，让大家在早餐时搭配排骨煮食，补充体力，因此盛行。

>>马来西亚菜肴（Malaysia）

马来西亚是一个众多民族融合的国家，所以在饮食习惯上十分多元化，同样融合了欧式、中式、印度以及马来西亚本地的菜肴风格。马来菜主要也是以辛辣为主，在菜式烹调上常使用咖喱、黄姜粉、辣椒粉等辛香料；而世人最为乐道的马来西亚美食"沙爹（satay）"，也就是烤肉串，用炭火烤熟后，再蘸上特制的沙爹酱，是风味独特的著名美食。

>>缅甸菜肴（Myanmar）

缅甸菜肴由于地理位置的关系，深受中国云南、印度和泰国的影响，比起其他南洋各国菜肴，有着较为细腻的独特性，香料的使用也没那么多。同样是以酸、辣、甜为主的口味，则介于越南菜的清爽和泰国菜的重辣重酸之间。将柠檬汁、辣椒末加上糖所调成的酱汁，与葱头丝拌匀，是最常见的清爽开胃菜；此外，咖喱也是缅甸最常使用的调料之一。

>>印度尼西亚菜肴（Indonesia）

胡椒是印度尼西亚美食的基本调味料。最常使用的香料有香茅、沙兰叶、郁金根、丁香、肉桂、辣椒等；咖喱和椰子也是不可或缺的食材。印度尼西亚各地菜肴有所不同，爪哇人习惯用新鲜香料来调理食物，苏门答腊人则习惯将干制和新鲜的香料混合来使用。包在香蕉叶里蒸烤的海鲜菜肴，是印度尼西亚著名的传统美食。

最具代表性的南洋调味料和菜肴

【沙茶酱】—— 沙茶炒牛肉、沙茶排骨煲

沙茶（印尼语Satay，广东称沙爹或沙嗲），是印度尼西亚的一种风味食品。原义是烤肉串，多用羊肉、鸡肉或猪肉制作，所用的调料即沙茶酱，味道鲜咸辣甜。沙茶酱主要是采用花生仁（或花生酱）、白芝麻（或芝麻酱）、核桃、开洋（海米）、虾酱、干大地鱼（左口鱼、扁鱼）、苍芒肉、亚三、辣椒粉、胡椒粉、花椒、木香、陈皮、八角、香叶、小茴香、灵香、丁香、三奈、肉桂、香草、香茅、白芍、桂通、甘松、咖喱酱、姜黄、芫荽子（芫茜子、香菜子）、芹菜子、南姜、葱头、蒜蓉、椰蓉（椰丝或椰酱）、芥末、锦豉、白糖、酱油、味精等三十多种原料，经加工磨碎或炸酥研末，然后加花生油、盐熬制而成。其中的各种成分，可根据加减变化而衍生出很多不同的品种。其配方和味型中的口味变化因产地而有所差异。但多以各种香辛粉配成。

"沙茶"味主要来源于各种沙茶酱，如印尼沙茶酱、马来西亚沙茶酱等。"鲜咸辣甜"味主要来源于沙茶酱本体，以及味精、盐、各种鲜汤等调料。

沙茶味调料可拌制各种凉菜，也可入料碟蘸食以助餐，在热菜中更为常用，是一种极好的调料。用该味调料调制的菜肴、小吃别具风味。

沙茶酱的酱质较细、香辛料含量较高，在调制该味型的热菜时需要注意：该调料在油中以文火微炒出香味即成，火不要大，否则会影响菜肴的质量。

印度尼西亚沙茶酱

原料：

虾米300克，葱头100克，熟花生米75克，辣椒糊、白糖各50克，大蒜25克，姜粉、胡椒粉、酱油、色拉油各适量。

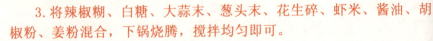

制作：

1.熟花生米去皮磨碎，大蒜、葱头去皮切碎，虾米洗净切末。

2.炒锅注油烧热，下入虾米、葱头炸至金黄，捞出沥油。

3.将辣椒糊、白糖、大蒜末、葱头末、花生碎、虾米、酱油、胡椒粉、姜粉混合，下锅烧腾，搅拌均匀即可。

特点：

既有酱香和虾的鲜味，又有蒜香和辣味；可直接使用，尤其适宜做凉拌菜的调味料。

马来西亚沙茶酱

原料：

葱头500克，蒜125克，熟花生米、南姜、开洋各100克，花生酱、芝麻酱、豆瓣酱各75克，虾酱、辣椒粉、白糖各50克，葱、椰酱各25克，香茅末、香菜子末、芥菜子末、五香粉、香叶末、丁香末、味精、盐、咖喱酱、酱油、花生油各适量。

制作：

1.葱头、蒜、南姜均去皮切末，分别下入热油锅中煸香，捞出沥油；开洋洗净沥干切末，花生米去皮捣碎；花生酱、芝麻酱加油调稀。

2.炒锅注油烧热，分别下入虾酱、豆瓣酱煸香；辣椒粉下入热油锅中制成红油。

3.炒锅注油烧热，下入蒜末、葱头末煸香，加入花生末、花生酱、芝麻酱、虾酱、豆瓣酱、红油、葱、姜、香菜子、芥菜子、香叶、开洋、丁香、香茅、酱油、白糖、盐炒至浓稠，再加入味精、咖喱酱、椰酱炒匀即可。

示范料理：沙茶炒牛肉

原料：

嫩牛肉300克，芥蓝菜叶250克，马来西亚沙茶酱150克，鸡蛋个, 蒜泥、姜泥、糖、淀粉、料酒、高汤、白酱油各适量。

制作:

1.牛肉洗净切片,加蛋清、料酒、糖、白酱油、味精、淀粉腌渍10分钟;芥蓝菜叶择洗净。

2.炒锅注油烧至七成热,下入牛肉片滑油,捞出沥油。

3.炒锅留底油烧热,下入蒜泥、姜泥炒香,放入芥蓝菜叶炒熟,加沙茶辣酱、酱油、味精、料酒炒匀,放入牛肉片,勾芡,滴入香油即可。

示范料理：沙茶排骨煲

原料:

猪排骨750克,鲜香菇、印尼沙茶酱各100克,葱头50克,红尖椒25克,香菜叶、葱段、姜片、五香粉、胡椒粉、味精、淀粉、糖、白酱油、料酒、香油、花生油各适量。

制作:

1.葱头、红尖椒、香菇均洗净切块;猪排骨斩成小块,下入开水锅中焯一下,捞出沥干,裹匀五香粉、淀粉。

2.炒锅注油烧至七成热,下入排骨块滑油,捞出沥油。

3.炒锅留底油烧热,下入葱段、姜片爆香,加入沙茶酱、料酒、糖、酱油、胡椒粉、排骨块、冬菇块、葱头块、红椒块及适量水烧开,小火焖至排骨熟烂,捞出。

4.锅中原汁撇去浮油,加入味精,勾芡,浇在排骨上,撒入香菜叶即可。

特点:

沙茶香浓,鲜咸微辣。

南洋经典调味料

>> 蘸酱

越式酸辣甜酱

原料:

鱼露50克,红辣椒5个,大蒜、糖、柠檬汁各适量。

制作：

1. 红辣椒洗净切碎，大蒜捣成泥。

2. 将辣椒、蒜泥放入搅拌机中，加入鱼露、糖、柠檬汁。

3. 添入适量水，搅打成酱即可。

提示：

炒菜、拌色拉或拌入白饭里都很美味。

越式基本鱼露蘸酱

原料：

鱼露50毫升，红辣椒1根。

制作：

1. 将红辣椒洗净切碎。

2. 加入鱼露调匀即可。

提示：

此为越南菜肴的必备酱料。

越式鱼露姜汁蘸酱

原料：

鱼露30毫升，糖15克，姜、蒜、柠檬汁各适量。

制作：

1. 姜、蒜去皮切末。

2. 姜末、蒜末、糖、鱼露加柠檬汁及适量水调匀即可。

提示：

广泛用于海鲜的蘸酱、蔬菜或肉类蒸煮调味。

南洋辣味虾酱

原料：

虾酱25克，红辣椒1根，柠檬1/2个，糖适量。

制作：

1. 辣椒洗净切碎，柠檬挤汁。

2.虾酱、糖、柠檬汁、辣椒碎混合拌匀即可。

提示:

用于煮汤面、炒菜、炒饭、炸物上,为南洋常用的蘸酱。

【南洋苏梅蘸酱】

原料:

醋50毫升,紫苏梅肉25克,蜂蜜、姜汁各15毫升,鱼露、白糖各适量。

制作:

所有原料调和均匀即可。

提示:

多用于炸物蘸酱,如虾饼、鱼饼、春卷等。

【越式辣椒酱】

原料:

蒜5头,红辣椒3根,黄豆瓣、糖、盐各适量。

制作:

1.将蒜、红辣椒、黄豆瓣、糖、盐放入搅拌机中。

2.加适量水搅拌均匀即可。

提示:

广泛用于各式蘸酱或菜肴制作。

【酸甜酱】

原料:

甜酱油50毫升,柠檬汁25毫升,红辣椒末、蒜末、红葱头末、白糖各适量。

制作:

所有原料混合拌匀即可。

提示:

搭配炸物食用。

印度尼西亚卡多卡多

原料:

花生酱50克,糖10克,柠檬1个,甜酱油、柠檬汁各25毫升,姜、蒜、虾酱、辣椒粉各适量。

制作:

1.姜、蒜均去皮切末,柠檬取皮切丝。

2.将所有原料放入碗中搅匀,入锅蒸5分钟即可。

提示:

印度尼西亚传统拌蘸酱,使用方法广泛,如沙嗲调味酱、什锦蔬菜色拉。

海南鸡酱

原料:

酱油25毫升,红辣椒1根,蒜、姜、糖、味噌、醋各适量。

制作:

1.蒜、姜去皮切片,红辣椒洗净切块。

2.将所有原料放入搅拌机,搅打均匀即可。

提示:

主要用于蘸食鸡肉,口感更滑嫩香浓。

花生醮酱

原料:

红葱头、蒜各2头,鱼露、辣椒、花生米、味噌、花生酱、甜面酱、糖、色拉油各适量。

制作:

1.红葱头、蒜、辣椒切片,花生米切碎。

2.炒锅注油烧热,放入辣椒、红葱头、蒜炒香,加入味噌、花生酱、甜面酱搅拌均匀,添入适量水煮开。

3.放入鱼露、糖调味,撒入花生碎即可。

提示:

可直接淋、拌、蘸于各式菜肴上。

【红糖蜜汁】

原料：

红糖50克，鱼露、柠檬汁各适量。

制作：

1.锅中放入红糖、柠檬汁及适量水，小火煮至浓稠。

2.滴入鱼露搅匀即可。

提示：

水果如番茄、木瓜、番石榴的蘸酱汁，或冷盘的酱汁，可使水果变得更加美味。

【南匹巴杜酱】

原料：

秋刀鱼2条，虾酱50克，柠檬汁30毫升，鱼露15毫升，蒜4头，红葱头2个，香茅2根，红辣椒、葱各1根，椰子糖适量。

制作：

1.秋刀鱼烤熟，去骨刺。

2.搅拌机中放入红辣椒、红葱头、葱、蒜、香茅打成泥，再加入鱼肉打成泥。

3.加入虾酱、鱼露、柠檬汁、椰子糖搅拌均匀即可。

提示：

用于炒饭、色拉、凉拌，或作为蘸酱。

【泰式青酱】

原料：

鱼露50毫升，九层塔、薄荷叶各25克，红葱头、蒜各3个，红辣椒1个，果糖、柠檬汁各适量。

制作：

1.将红葱头、蒜去皮切块，红辣椒去蒂、籽。

2.搅拌机中放入红葱头、蒜、红辣椒、九层塔、薄荷叶打碎。

3.加入鱼露、果糖、柠檬汁拌匀即可。

提示：

可做蘸酱、淋酱、拌面。

春卷蘸酱

原料:

醋、鱼露各25毫升,蜂蜜、辣椒末各适量。

制作:

将所有原料混合均匀即可。

提示:

主要用于蘸春卷。

>> 淋酱、拌酱、色拉酱

柠檬鱼汁酱

原料:

柠檬汁50毫升,鱼露、高汤各25毫升,蒜、红辣椒、青辣椒、香菜根、白糖各适量。

制作:

1.将红辣椒、青辣椒、蒜、香菜根洗净切碎。

2.加入鱼露、白糖、柠檬汁、高汤拌匀即可。

提示:

主要用于蒸鱼的淋酱。

示范料理:清蒸柠檬鲈鱼

原料:

鲈鱼1条,柠檬鱼汁酱适量。

制作:

1.鲈鱼去内脏、鳞、鳃洗净,下入开水锅中焯一下捞出。

2.将鱼放入盘中,入锅大火蒸熟。

3.倒出多余水分,淋上柠檬鱼汁酱即可。

泰式色拉酱

原料:

鱼露50毫升,柠檬汁10毫升,辣椒酱、果糖、醋、色拉油各适量。

制作：

将所有原料混合均匀即可。

提示：

用于凉拌粉丝或拌色拉。

凉拌青木瓜丝酱汁

原料：

鱼露75毫升，柠檬汁50毫升，虾米25克，椰子糖25克，红辣椒、蒜、虾酱各适量。

制作：

1.将虾米、红辣椒、蒜洗净切碎。

2.加入虾酱、鱼露、椰子糖、柠檬汁混合拌匀即可。

提示：

用于拌青木瓜或拌色拉。

泰式凉拌酱汁

原料：

醋100毫升，鱼露25毫升，红辣椒末、薄荷叶末、蒜泥、白糖各25克，柠檬汁适量。

制作：

1.将醋、鱼露、白糖、柠檬汁混合均匀。

2.加入红辣椒末、蒜泥、薄荷叶末即可。

提示：

用于海鲜烫熟后的凉拌酱汁。

辣椰汁色拉酱

原料：

美乃滋50毫升，椰子粉10克，果糖、姜末、辣椒粉、白胡椒粉、盐各适量。

制作：

将所有原料拌匀即可。

提示：

常用于南洋风味的生菜色拉、油炸物蘸酱。

凉拌牛肉淋酱

原料：

柠檬汁、鱼露各25毫升，甜鸡酱25克，红葱头、红辣椒各1个，椰子糖、葱、九层塔各适量。

制作：

1.将红辣椒、红葱头、葱、九层塔均切成细末。

2.加入鱼露、甜鸡酱、椰子糖、柠檬汁拌匀即可。

提示：

用于生牛肉、涮牛肉和生菜的凉拌酱。

生蚝酱汁

原料：

柠檬汁50毫升，鱼露25毫升，薄荷叶15克，柠檬叶10片，糖10克，蒜4头，红辣椒、香菜根、香茅各1根。

制作：

1.将红辣椒、蒜、香菜根、香茅、薄荷叶、柠檬叶洗净，放入搅拌机中打碎。

2.加入鱼露、糖、柠檬汁搅匀即可。

提示：

常淋在鲜虾、生蚝等生食的海鲜类上。

鸡丝凉拌酱

原料：

甜鸡酱25克，柠檬汁、蚝油各15毫升，白糖适量。

制作：

将所有原料拌匀即可。

提示：

可做鸡丝色拉拌酱。

>>腌酱、高汤

【南洋泡菜甘醋汁】

原料：

醋50毫升，糖25克，鱼露适量。

制作：

1.将醋、糖、鱼露调成味汁。

2.锅中添入适量水，加入味汁煮开，晾凉即可。

提示：

小黄瓜、胡萝卜、白萝卜皆可腌渍，或加入菠萝。

【沙嗲酱】

原料：

沙茶酱25克，咖喱粉5克，酱油、糖、茴香粉各适量。

制作：

将所有原料搅拌均匀即可。

提示：

南洋风味烤肉酱。

【印式沙嗲腌酱】

原料：

酸枳酱（罗望子酱）25克，椰奶、酱油各15毫升，蒜2头，辣椒、葱头各1个，盐适量。

制作：

1.将辣椒、葱头、蒜切末。

2.加入酸枳酱、椰奶、酱油、盐混合均匀即可。

提示：

适于各种肉类的腌酱。

【越式牛骨高汤】

原料：

牛骨500克，干贝5个，八角2个，白萝卜、葱头各1个，糖、盐、黄姜粉、鱼露各适量。

制作：

1. 牛骨焯后洗净，白萝卜洗净切大块，葱头洗净。

2. 锅中放入干贝、八角、牛骨、白萝卜、葱头及适量水，熬成高汤。

3. 过滤后加鱼露、黄姜粉、盐、糖调味即可。

肉骨茶

原料：

小排骨500克，肉骨茶1包，酱油25毫升，蒜2头，豆瓣酱、糖、色拉油各适量。

制作：

1. 将小排骨切块洗净。

2. 炒锅注油烧热，放入蒜、豆瓣酱、糖，炒至糖融化，加入排骨翻炒均匀。

3. 加入酱油、肉骨茶包及适量水，炖至排骨软嫩即可。

提示：

可当汤食用，亦可作为面的底汤。

南洋咖喱

>>关于咖喱

咖喱起源于印度，口味辛香呛辣。咖喱在印度的饮食文化中扮演着重要的角色，并且会因产地的不同而呈现出不同的风貌：印度北方注重香辣，故常将乳酪添加在咖喱中，搭配印度人常吃的粗圆饼；印度南方爱吃呛辣多汁的咖喱酱，常搭配当地产的稻米做配料。

另外，咖喱酱的颜色也丰富多彩，有白色、红褐色、绿色，等等；在形态上又可分为液态、颗粒状、粉状等。印度产的咖喱味道较辣，口味偏重，往其中适量添加酸奶可以使口感润滑，更容易被接受。

>>咖喱的作用

发热作用：辣味香辛料会促进血液循环，可达到暖身、发汗的目的，因此深受寒冷地区人们的喜爱。

减肥作用：在咖喱中含有唐辛子成分，唐辛子可提高身体的代谢率，因此，常吃咖喱有瘦身的作用。

杀菌作用：在咖喱中含有多种香辛料，具有一定消毒杀菌效果，有益健康。

延年益寿：咖喱内含有丰富的姜黄素、黄酮、生物碱等物质，具有加速排泄体内污物、促进肝脏代谢的功效，不但有助于伤口的愈合，还可预防疾病的产生。

刺激食欲：咖喱中含有辣味等香辛成分，可促进唾液、胃液分泌，加速胃肠蠕动，增强食欲。

>>咖喱的分类

咖喱的口感以辛香辣为主，主要分为咖喱酱、咖喱粉、咖喱块三大类。

●咖喱酱

特点：由多种香料调制而成，因成分差异，有红咖喱酱，绿咖喱酱、黄咖喱酱之分。辛香的咖喱酱在辣度上有多种等级：一级为甜且不辣；二级为小辣，又称普通辣；三级为中辣，适合对辣能忍受者；四级为重辣，适合喜好辣味的人；五级为超重辣，适合对辣容忍度超高的人。　使用方法：咖喱酱也有浓稀之别，使用时可依自己喜好的口味而变化。咖喱酱多淋在菜、饭、面上，也可稀释做汤喝。保存：咖喱酱在冷冻的条件下可以存放半年，如果是冷藏，最好不要超过48小时。

●咖喱粉

特点：咖喱粉的味道较单调，变化较少。　使用方法：粉状的咖喱产品，烹调使用范围广，制作菜品种类多，用于炒菜、烧菜、煮汤、加味皆可。　保存：咖喱粉可保存1～2年。

●咖喱块

特点：多为盒装的方形块。

使用方法：常用于咖喱汤汁的调味，使用简便，一小块就包含了所有的好味道。

保存：保存期依产品不同而不同，一般6个月~1年。

>> 咖喱调味料及咖喱菜肴

【咖喱汁】

原料：

辣椒油75毫升，咖喱粉50克，葱头50克，酱油、料酒各25毫升，糖、盐、味精、香油各适量。

制作：

1.葱头打成泥，加入适量水制成葱头汁。

2.将咖喱粉、酱油、盐、糖、葱头汁混合搅拌均匀，下锅烧沸。

3.加入味精、辣椒油搅匀即可。

特点：

咖喱香味，香辣、咸鲜、微甜。

提示：

一般用于凉拌菜。

【咖喱辣汁】

原料：

辣椒糊100克，咖喱粉25克，生抽25毫升，姜、盐、淀粉、醋、味精、色拉油各适量。

制作：

1.姜去皮切末，加生抽、咖喱粉、淀粉、盐拌成调味酱。

2.炒锅注油烧热，放入辣椒糊炒香，加入适量清水、生抽、调味酱，煮沸。

3.再加入醋、味精搅匀即可。

特点：

有浓郁的咖喱香味，香辣鲜咸。

示范料理：酒香咖喱鸡

原料：

土豆250克，鸡脯肉2块，胡萝卜片、葱头末、盐、胡椒粉、白酒、鸡清汤、咖喱辣汁、黄油各适量。

制作：

1.鸡脯肉切厚片，土豆去皮切块。

2.炒锅放黄油烧热，下葱头末炒香，加入鸡肉片、土豆块、胡萝卜片翻炒，撒入盐、胡椒粉调味。

3.再加入鸡清汤、咖喱辣汁、盐、胡椒粉，烧至汤汁浓稠即可。

提示：

鸡肉蛋白质的含量比例较高，种类多，而且消化率高，很容易被人体吸收利用。

咖喱孜然汁

原料：

骨汤250毫升，咖喱粉50克，酱油25毫升，葱、姜、蒜、盐、孜然粉、淀粉、味精、色拉油各适量。

制作：

1.葱、姜、蒜切末，酱油与咖喱粉、孜然粉、盐搅匀制成酱油调味汁。

2.炒锅注油烧热，下入葱、姜、蒜炒香，烹入酱油调味汁、骨汤，烧沸，勾芡，撒入味精调匀即可。

提示：

色泽黄润，有浓郁的香味，常用于热菜的烹饪，如炖鸡肉、炖牛肉等。

面酱咖喱汁

原料：

葱头碎、胡萝卜碎、卷心菜丁各50克，咖喱粉、蒜末各25克，米酒25毫升，八角2个，姜末、红辣椒碎各15克，辣椒粉10克，辣豆瓣酱、甜面酱、大茴香、白胡椒粉、糖、盐、大骨高汤、水淀粉、色拉油各适量。

制作：

1.炒锅注油烧热，下入葱头碎、姜末、蒜末、红辣椒碎、八角炒香，加入辣豆瓣酱、甜面酱、米酒烧几分钟。

2.再加入红萝卜碎、卷心菜丁翻炒。

3.最后加入辣椒粉、咖喱粉、大茴香炒匀，添入大骨高汤煮10分钟，撒入白胡椒粉、糖、盐调味，勾芡即可。

米粉咖喱汁

原料：

卷心菜丁50克，葱头末、咖喱粉各25克，红辣椒末15克，姜末、蒜末各10克，鱼高汤600毫升，酱油、米酒各15毫升，大茴香、白胡椒粉、盐、糖、辣豆瓣酱、蚝油、色拉油各适量。

制作：

1.炒锅注油烧热，下入葱头末、姜末、蒜末、红辣椒末炒香，加入酱油、蚝油、辣豆瓣酱、米酒翻炒。

2.再加入卷心菜丁、咖喱粉、大茴香炒匀。

3.添入鱼高汤煮10分钟，撒入白胡椒粉、糖调味即可。

番茄咖喱酱

原料：

番茄酱50克，咖喱粉10克，糖、盐、淀粉、香油各适量。

制作：

1.锅中添入适量水烧开，加入番茄酱、咖喱粉、糖、盐、香油，小火煮至浓稠。

2.勾芡即可。

提示：
也可以不勾芡，常用于肉类或蔬菜炒酱。

示范料理：番茄咖喱炒饭

原料：
白饭300克，香菇、胡萝卜、西兰花、熟豌豆仁、葱头各25克，鸡蛋1个，葱末、盐、番茄咖喱酱、色拉油各适量。

制作：
1.葱头去皮切丁，香菇洗净切块，胡萝卜去皮切片，西兰花洗净掰成朵，鸡蛋打匀。
2.炒锅注油烧热，下入葱末爆香，倒入鸡蛋液炒熟装盘。
3.炒锅注油烧热，放入香菇、葱头、西兰花、胡萝卜炒熟，加入番茄咖喱酱略炒，倒入白饭炒匀，撒入熟豌豆仁，盛入鸡蛋盘中即可。

红咖喱酱

原料：
鱼高汤400毫升，椰奶200毫升，红葱头100克，红辣椒75克，姜25克，蒜15克，鱼露15毫升，柠檬叶4片，红甜椒、糖、盐、香茅粉、红椒粉、小茴香粉、胡荽粉、淀粉、色拉油各适量。

制作：
1.将红葱头、姜、蒜、红辣椒、红甜椒洗净，放入搅拌机，加适量水，搅碎成酱料。
2.炒锅注油烧热，下入酱料翻炒，加入柠檬叶、香茅粉、红椒粉、小茴香粉、胡荽粉、鱼露炒香，添入鱼高汤，小火煮开。
3.再加入椰奶、盐、糖拌匀，小火煮2分钟，用水淀粉勾芡即可。

特点：
色泽红润，鲜辣爽口。

咖喱辣酱

原料：

椰奶250毫升，红辣椒粉100克，葱头50克，姜25克，蒜15克，糖、盐、咖喱粉、肉桂粉、丁香、香叶、小茴香粉、黑胡椒粉、水淀粉、色拉油各适量。

制作：

1.将葱头、姜、蒜去皮切块，放入搅拌机，搅打成酱料。

2.炒锅注油烧热，下入酱料略炒，加咖喱粉、红辣椒粉、肉桂粉、小茴香粉、丁香、香叶等炒香。

3.加入椰奶、糖、盐搅拌均匀，小火煮沸，撒入黑胡椒粉，用水淀粉勾芡，煮至汤汁浓稠即可。

特点：

颜色酱黄，香辣味浓，酱体浓稠。

示范料理：泰式咖喱螃蟹

原料：

螃蟹500克，高汤100毫升，红油15毫升，葱头1/2个，咖喱辣酱、辣椒碎各适量。

制作：

1.葱头切丝；螃蟹切块，下入开水锅中焯一下捞出。

2.炒锅注油烧热，下入辣椒碎、葱头丝爆香。

3.添入高汤，放入咖喱辣酱，大火煮开，再放入螃蟹，淋入红油，煮片刻即可。

黄咖喱酱

原料：

鸡高汤500毫升，葱头、奶油各50克，蒜25克，姜15克，米酒25毫升，红辣椒15克，酸奶、糖、盐、咖喱粉、面粉、姜黄粉、黑胡椒粉、香叶各适量。

制作：

1.葱头、姜、蒜、红辣椒均切末。

2.炒锅注奶油烧热，下入面粉炒熟。

3.炒锅注奶油烧热，放入葱头末、姜末、蒜末、红辣椒末炒香，加入咖喱粉、姜黄粉、香叶、高汤、糖、盐、米酒，徐徐倒入炒熟的面粉，文火烧沸，撒入黑胡椒粉搅拌均匀，熄火前淋入酸奶搅匀即可。

特点:

色泽黄润，姜黄粉味浓郁。

示范料理: 黄咖喱烩牛肉

原料:

牛肉400克，黄咖喱酱25克，青椒、红椒、葱头各1个，椰汁1罐，盐、糖、鸡精、淀粉、酱油、橄榄油各适量。

制作:

1.将牛肉洗净切块，加入酱油、水淀粉、橄榄油拌匀，腌渍30分钟；葱头、青椒、红椒均切块。

2.平底锅注油烧至七成热，下牛肉煎至金黄，盛出沥油。

3.炒锅注油烧热，下葱头块炒软，加入黄咖喱酱炒香，放入椰汁、盐、糖、鸡精、牛肉、青椒、红椒及适量水焖熟即可。

提示:

牛肉加入橄榄油、水淀粉腌渍后，肉质更鲜嫩。

蔬菜咖喱酱

原料:

高汤500毫升，牛奶100毫升，大白菜75克，胡萝卜、葱头、奶油各50克，西芹25克，大蒜、糖、盐、咖喱粉、面粉各10克，黑胡椒粉、香叶各适量。

制作:

1.白菜、胡萝卜、葱头、西芹、大蒜均切末。

2.炒锅注适量奶油烧热，放入面粉、咖喱粉略炒，加入高汤、牛奶、糖、盐、香叶，文火烧沸5分钟，撒入黑胡椒粉，搅拌均匀成汤料。

3.炒锅注适量奶油烧热，放入蔬菜末炒香，倒入做好的汤料中，搅拌均匀，文火略煮即可。

特点：

奶香浓郁，营养丰富。

水果咖喱酱

原料：

鸡高汤500毫升，牛奶100毫升，葱头、奶油各50克，西芹25克，胡萝卜、苹果、白葡萄酒、面粉、咖喱粉、辣椒粉各10克，黑胡椒粉5克，苹果酱、香叶各适量。

制作：

1.苹果去核切块，放入搅拌机搅打成泥；香蕉切小块，胡萝卜、葱头去皮洗净切碎，西芹择洗净切碎。

2.炒锅注奶油烧热，放入面粉、咖喱粉炒香。

3.炒锅注奶油烧热，下入蔬菜碎及白葡萄酒、香叶炒香，加辣椒粉、炒好的面粉搅匀，放入鸡高汤、牛奶、香蕉块、糖、盐、苹果泥、黑胡椒粉搅匀煮沸即可。

特点：

有浓郁的果香和奶香味，色泽黄润，营养丰富。

提示：

可以按照个人口味添加其他果酱或花生酱等。

凤梨咖喱酱

原料：

鸡高汤600毫升，葱头末200克，凤梨丁、苹果丁、胡萝卜末、卷心菜末各50克，咖喱粉25克，酱油、米酒各15毫升，糖、盐、白胡椒粉、水淀粉、色拉油各适量。

制作：

1.炒锅注油烧热，下入葱头末炒香，烹入酱油、米酒略烧。

2.加入凤梨丁、苹果丁、胡萝卜末、卷心菜末翻炒。

3.添入鸡高汤煮开，撒入咖喱粉、白胡椒粉、糖、盐调味，用水淀粉勾芡即可。

鸡肝咖喱酱

原料：

鸡高汤750毫升，鸡肝200克，葱头100克，卷心菜、芹菜、香菜各50克，米酒50毫升，胡萝卜25克，酱油25毫升，姜、蒜、红辣椒、咖喱粉各15克，八角、丁香、大茴香、辣豆瓣酱、糖、盐、白胡椒粉、水淀粉、蚝油、色拉油各适量。

制作：

1.鸡肝切小块，葱头、胡萝卜、姜、蒜、红辣椒、芹菜、香菜均切末，卷心菜切丁。

2.炒锅注油烧热，下入葱头末、姜末、蒜末、红辣椒末、八角、丁香、鸡肝炒香，加酱油、蚝油、辣豆瓣酱、米酒、胡萝卜末、卷心菜丁略炒。

3.添入适量鸡高汤，撒入咖喱粉、大茴香、白胡椒粉、糖、盐调味，用水淀粉勾芡，再撒入芹菜粒、香菜末即可。

奶油咖喱酱

原料：

奶油、葱头各250克，白葡萄酒100毫升，咖喱粉50克，糖、盐、黑胡椒粉各适量。

制作：

1.葱头洗净切末。

2.炒锅注入奶油烧至七成热，放入葱头末炒香，加入白葡萄酒烧至汁浓。

3.撒入咖喱粉、糖、盐、黑胡椒粉搅匀即可。

特点：

有浓郁的咖喱香和奶香味。

印尼咖喱酱

原料：

花生酱50克，咖喱粉25克，蒜、姜、葱头、黄姜粉、胡荽粉适量。

制作：

1.将蒜、姜、葱头洗净，切块，放入搅拌机打成末。

2.加入花生酱、咖喱粉、黄姜粉、胡荽粉搅匀即可。

绿咖喱椰汁酱

原料：

椰浆、椰奶各100毫升，绿咖喱酱25克，鱼露5毫升，柠檬叶3片，糖适量。

制作：

将所有原料搅拌均匀即可。

提示：

用于烹制鸡肉、牛肉、羊肉、虾皆可，拌饭也很适合。

示范料理：绿咖喱椰汁鸡肉

原料：

鸡腿肉200克，红辣椒丝、甜豆仁、九层塔、绿咖喱椰汁酱、色拉油各适量。

制作：

1.鸡肉洗净切块，加盐略腌，下入开水锅中焯一下，捞出沥干；甜豆仁下入开水锅中焯一下，捞起沥干晾凉。

2.炒锅注油烧热，放入绿咖喱椰汁酱、柠檬叶、鸡肉及适量水略煮。

3.撒入糖，滴入鱼露，加入甜豆仁、九层塔、红辣椒丝即可。

第四章

教你成为调味大师

◎调味三段基本法
◎不可不知的调味秘诀
◎调料保管窍门
◎小妙招让调味更顺手

调味三段基本法

>>原料加热前的调味

调味的第一个阶段是原料加热前的调味，可称为基本调味。其主要目的是使原料先有一个基本的滋味，并去除一些腥膻气味。具体方法就是用盐、酱油、黄酒或糖等调味品把原料调拌一下或浸渍一下；例如鱼在烹制以前，往往要用酱油浸渍一下；用于炸、熘、爆、炒的原料往往要结合挂糊上浆加入一些调味品；用蒸的方法制作的菜肴，其原料事先也要进行调味。

>>原料加热过程中的调味

调味的第二个阶段是在原料加热过程中的调味，即在加热过程中适当的时候，加入调味品。这是具有决定性的定型调味，大部分菜肴的口味都是在这一调味阶段确定的。有些用急火短时间快速烹制的菜，往往还需要先把一些调味品调成汁，在烹制时迅速加入。

>>原料加热后的调味

调味的第三个阶段是加热后的调味，可以称为辅助调味。通过这一阶段的调味，可以增加菜肴滋味，这适于在加热过程中不能进行调味的某些烹调方式。如用来炸、蒸的原料，虽都经过基本调味阶段，但由于在加热过程中不能调味，所以往往要在菜肴制成后，加上调味品或附带调味品上席，以补基本调味的不足。例如，炸菜往往需佐以番茄汁、辣酱油或椒盐等；至于涮菜，在加热前及加热过程中均不能进行调味，故必须在加热后进行调味。

不可不知的调味秘诀

>>下料必须恰当、适时

在调味时，所用的调味品和每一种调味品的用量，必须恰当。为此，应当了解所烹制的菜肴的口味。例如有些菜以酸甜为主，其他为辅；有些菜以麻辣为主，其他为辅；这是做到下料恰当的前提。尤其重要的是，下料应准确而适时。

>>根据季节变化适当调节菜肴的口味和颜色

人们的口味往往随着季节的变化有所不同：在天气炎热的时候，人们往往喜欢口味比较清淡、颜色较淡的菜肴；在寒冷的季节，则喜欢口味比较浓厚、颜色较深的菜肴。在调味时，可以在保持风味特色的前提下，根据季节变化，灵活掌握。

>>根据原料的不同性质掌握好调味

新鲜的原料应突出原料本身的美味，而不宜为调味品的滋味所掩盖。如新鲜的鸡、鸭、鱼、虾、蔬菜等，调味均不宜太重，也就是不宜太咸、太甜、太酸或太辣。因为这些原料本身都有很鲜美的滋味，人们吃这些菜肴，主要也就是要品尝它们本身的滋味；如果调味太重，反而失去了原料本身的鲜美滋味。

带有腥膻气味的原料，要酌加去腥解腻的调味品。如牛羊肉、内脏和某些水产品，都带有一些腥膻气味，在调味时就应根据菜肴的具体情况，酌加酒、醋、葱、姜或糖等调味品，以去除其腥膻气味。

本身无显著滋味的原料，要适当增加滋味。如鱼翅、海参、燕窝等，本身都是没有什么滋味的，调味时必须加入鲜汤，以弥补其鲜味的不足。

调料保管窍门

调料的装盛与保管必须妥善，如果装盛的容器不妥，保管的方法不善，就可能导致调料变质或使用混乱。

>>调味品的装盛器皿

调味品的品种多样，有液体、固体，还有易于挥发的芳香物质，因此，应根据调味品不同的物理性质和化学性质，选用装盛调味品的器皿。例如，金属器皿不宜贮藏含有盐分或酸醋的调味品，如盐、酱油、醋等，否则容易发生化学变化，因为盐和醋对很多金属会起腐蚀作用，易使器皿损坏，调味品变质。

>>调味品的保管环境

环境温度不宜过高或过低。如环境温度过高，则糖易融化，醋易浑浊，葱、蒜也易变色；但温度太低，葱、蒜也易冻坏变质。

环境不宜太潮或太干。如环境太潮湿，则盐、糖易融化，酱、酱油易生霉；如太干燥，葱、蒜、辣椒也容易枯萎变质。

有些调味品不宜多接触日光和空气。如油脂类多接触日光易氧化变质，姜多接触日光易生芽，香料多接触空气易散失香味等。

>>调味品的使用注意
◎应掌握即时使用的原则

调味品一般不宜久存，所以应避免贮存过久而变质。虽然少数调味品如黄酒等越陈越香，但开坛后也不宜久存。

◎应掌握好数量

需要事先加工的调味品，一次不可加工太多。如淀粉、香糟、切碎的葱花、姜末等，都要根据用量掌握加工，避免一次加工太多造成变质浪费。

◎ 不同性质的调味品应分类贮存，并注意保管

例如同是色拉油，没有使用过的清油和炸过原料的浑油必须分别放置，不宜相互混合，以免影响质量。

小妙招让调味更顺手

日常使用的调味品器皿在使用时，以取用方便为原则。
一般说来，这样放置调味器皿会让调味更加顺手方便：
先用的放得近，后用的放得远。
常用的放得近，较少用到的放得远。
有色的放得近，无色的放得远，同色的应间隔放置。
湿的放得近，干的放得远。

　　糖、酒、盐等应放得离炉口较远，因为它们是无色的调味品，在取用的时候，偶一不慎，滴落一些在前一排的酱油或油的器皿内影响不大；但如果相反排列，把油、酱油等滴落到糖、盐等器皿内影响就比较大了（湿的放得近，干的放得远，同理）。同时，油、酱油、水淀粉的使用范围较广，使用次数较多，而且大部分烹调方法，往往先用油、酒、酱油，后用糖、盐等，所以要把油、酱油等排在前列，糖、盐等排在后列。另外，盐和糖的颜色和形状都相似，放置时必须隔开，以免用错。

美食制作索引

家常素菜

家常肉菜

家常海鲜